3 応用化学シリーズ

高分子工業化学

山岡 亜夫
　　……[編著]

上田　充
安中　雅彦
鴇田　昌之
高原　茂
岡野　光夫
菊池　明彦
松方　美樹
鈴木　淳史
　　………[著]

朝倉書店

応用化学シリーズ代表

| 佐々木 義典 | 前千葉大学工学部物質工学科教授 |

第3巻執筆者

上田　　充	東京工業大学大学院理工学研究科有機・高分子物質専攻教授
安中　雅彦	九州大学大学院理学研究院化学部門教授
鎬田　昌之	九州大学大学院理学研究院物理学部門教授
高原　　茂	千葉大学工学部情報画像工学科助教授
山岡　亜夫	千葉大学工学部情報画像工学科教授
岡野　光夫	東京女子医科大学先端生命医科学研究所教授
菊池　明彦	東京女子医科大学先端生命医科学研究所助教授
松方　美樹	前東京女子医科大学先端生命医科学研究所助手
鈴木　淳史	横浜国立大学大学院環境情報研究院人工環境と情報部門教授

『応用化学シリーズ』
発刊にあたって

　この応用化学シリーズは，大学理工系学部2年・3年次学生を対象に，専門課程の教科書・参考書として企画された．

　教育改革の大綱化を受け，大学の学科再編成が全国規模で行われている．大学独自の方針によって，応用化学科をそのまま存続させている大学もあれば，応用化学科と，たとえば応用物理系学科を合併し，新しく物質工学科として発足させた大学もある．応用化学と応用物理を融合させ境界領域を究明する効果をねらったもので，これからの理工系の流れを象徴するもののようでもある．しかし，応用化学という分野は，学科の名称がどのように変わろうとも，その重要性は変わらないのである．それどころか，新しい特性をもった化合物や材料が創製され，ますます期待される分野になりつつある．

　学生諸君は，それぞれの専攻する分野を究めるために，その土台である学問の本質と，これを基盤に開発された技術ならびにその背景を理解することが肝要である．目まぐるしく変遷する時代ではあるが，どのような場合でも最善をつくし，可能な限り専門を確かなものとし，その上に理工学的センスを身につけることが大切である．

　本シリーズは，このような理念に立脚して編纂，まとめられた．各巻の執筆者は教育経験が豊富で，かつ研究者として第一線で活躍しておられる専門家である．高度な内容をわかりやすく解説し，系統的に把握できるように幾度となく討論を重ね，ここに刊行するに至った．

　本シリーズが専門課程修得の役割を果たし，学生一人ひとりが志を高くもって進まれることを希望するものである．

　本シリーズ刊行に際し，朝倉書店編集部のご尽力に謝意を表する次第である．

　2000年9月

シリーズ代表　佐々木義典

はじめに

　本書は,「応用化学シリーズ」全8巻中の1冊として,大学理工系の基礎科目を履修した学生が,専門科目を修得するための教科書・参考書となることを目的にした.しかし,高分子工業化学に関する教科書はこれまで優れた成書が数多く出版されている.そこで,従来とは多少異なった切り口,例えば現在の技術発展に沿った側面からみた教科書を企画しようと考えた.

　近年の高分子の工業利用は多岐にわたり,かつ日々の進歩は華々しく流動的である.あるものは技術的に定着し,またあるものは新しい技術に置き換わる事例もまた多い.しかし一方では,教科書としての立場からある程度普遍性のある内容でなければならない.また,とりあげるべき工業高分子化学の分野があまりにも多いことも,今更ながら再認識せざるをえなかった.したがって,本書に関しては下記の分野に絞りそれぞれのエッセンスにふれていただき,その他の分野については次の機会に期待することとした.

　本書では,高分子化学を勉強するに当たってまず必須な,合成反応プロセス,得られた高分子の物性,高分子のキャラクタリゼーションを基礎項目として記述した.続いて,工業的利用として,エンジニアリングプラスチックに代表される高性能高分子材料,感光性高分子を中心とする光材料,生体適合性高分子,生体外医療材料などを包含した生命医療材料,そして,高分子化学の環境保全への前向きな努力の現状を示す環境材料をとりあげた.

　各章の性格上多少の違いはあるものの,最新で重要な,かつ普遍性のある内容を表すように努めたが,至らぬ点については読者諸賢のご批判を得てさらによいものに育てていきたい.

　最後に,本書の刊行が朝倉書店編集部の方々の熱意と忍耐強いご努力の賜物であったことを申し添えて感謝申し上げる次第である.

2003年10月

執筆者を代表して　山岡亜夫

目　次

1. **合成反応プロセス**　……………………………〔上田　充〕… 1
   - 1.1　はじめに　……………………………………………………… 1
   - 1.2　付加重合　……………………………………………………… 3
     - 1.2.1　ラジカル重合　………………………………………… 3
     - 1.2.2　ラジカル共重合　……………………………………… 6
     - 1.2.3　カチオン重合　………………………………………… 9
     - 1.2.4　アニオン重合　………………………………………… 11
     - 1.2.5　配位アニオン重合　…………………………………… 13
   - 1.3　縮合重合　……………………………………………………… 15
   - 1.4　開環重合　……………………………………………………… 23
   - 1.5　重付加　………………………………………………………… 25
   - 1.6　付加縮合　……………………………………………………… 26

2. **高分子の性質**　………………………………〔安中雅彦〕… 28
   - 2.1　高分子の分子量と分子量分布　……………………………… 28
   - 2.2　高分子鎖の分子構造　………………………………………… 29
     - 2.2.1　化学構造　……………………………………………… 30
     - 2.2.2　幾何学的構造　………………………………………… 31
   - 2.3　高分子の結晶構造　…………………………………………… 33
     - 2.3.1　結晶構造　……………………………………………… 34
     - 2.3.2　結晶性高分子の高次構造　…………………………… 35
   - 2.4　レオロジーと力学的性質　……………………〔鴇田昌之〕… 38
     - 2.4.1　完全弾性体と完全流体　……………………………… 38
     - 2.4.2　力学モデルと静的粘弾性　…………………………… 41

3. **高性能高分子材料** ……………………………………〔高原　茂〕… 48
　3.1　エンジニアリングプラスチック ……………………………………… 48
　　3.1.1　エンジニアリングプラスチックとは ……………………………… 48
　　3.1.2　エンジニアリングプラスチックの基本条件 ……………………… 51
　　3.1.3　高性能高分子材料の設計の考え方 ………………………………… 51
　　3.1.4　高強度・高弾性率ポリマー材料 …………………………………… 55
　　3.1.5　液晶ポリマー ………………………………………………………… 57
　　3.1.6　耐熱性ポリマー材料 ………………………………………………… 58
　3.2　ポリマー複合材料 ………………………………………………………… 58
　　3.2.1　複合材料化 …………………………………………………………… 59
　　3.2.2　ポリマーアロイ ……………………………………………………… 60
　　3.2.3　有機無機ハイブリッド材料 ………………………………………… 62

4. **光 と 高 分 子** ……………………………………………〔山岡亜夫〕… 63
　4.1　感光性高分子 ……………………………………………………………… 63
　　4.1.1　光照射に伴う高分子の構造の変化 ………………………………… 63
　　4.1.2　高分子の光架橋と物性変化 ………………………………………… 63
　　4.1.3　感光性樹脂の評価因子 ……………………………………………… 86
　　4.1.4　増　　感 ……………………………………………………………… 88
　　4.1.5　可視光への増感 ……………………………………………………… 92
　　4.1.6　超微細光加工への応用 ……………………………………………… 93
　4.2　高分子と光導電性 ………………………………………………………… 99
　4.3　高分子の光起電力 ………………………………………………………… 104
　4.4　エレクトロルミネッセンス材料 ………………………………………… 106

5. **生命医療材料** …………………〔岡野光夫・菊池明彦・松方美樹〕… 108
　5.1　生体適合性 ………………………………………………………………… 108
　　5.1.1　はじめに ……………………………………………………………… 108
　　5.1.2　バイオマテリアルの必須条件 ……………………………………… 108
　5.2　医 療 器 具 ………………………………………………………………… 110
　5.3　人工臓器/臓器再生への挑戦 …………………………………………… 111

5.3.1　人工腎臓 …………………………………………………… 111
　　5.3.2　人工心臓 …………………………………………………… 112
　　5.3.3　抗血栓性材料 ……………………………………………… 114
　　5.3.4　ハイブリッド型人工臓器 ………………………………… 117
　5.4　高分子製剤・ドラッグデリバリーシステム …………………… 121
　　5.4.1　徐放性の制御 ……………………………………………… 122
　　5.4.2　刺激に応答した薬物放出制御 …………………………… 123
　　5.4.3　ターゲティング …………………………………………… 127

6. 環境材料 …………………………………………〔鈴木淳史〕… 129
　6.1　生分解性ポリマー ………………………………………………… 129
　　6.1.1　微生物産生ポリマー ……………………………………… 130
　　6.1.2　動植物由来の多糖類 ……………………………………… 134
　　6.1.3　化学合成ポリマー ………………………………………… 136
　　6.1.4　生分解性プラスチックの開発 …………………………… 139
　6.2　プラスチックリサイクル ………………………………………… 139
　　6.2.1　マテリアルリサイクル …………………………………… 141
　　6.2.2　ケミカルリサイクル ……………………………………… 142
　　6.2.3　サーマルリサイクル（エネルギーリサイクル）………… 146
　　6.2.4　その他のプラスチックリサイクル ……………………… 147
　6.3　持続的発展を可能にする環境材料 ……………………………… 148

付録　高分子の特性解析 ……………………………〔安中雅彦〕… 150
　A.1　分子特性解析 ……………………………………………………… 150
　　A.1.1　分子量 ……………………………………………………… 150
　　A.1.2　分子量分布 ………………………………………………… 153
　　A.1.3　立体規則性 ………………………………………………… 155
　A.2　物質特性解析 ……………………………………………………… 156

参　考　文　献 ……………………………………………………………… 157
索　　　　引 ………………………………………………………………… 161

1
合成反応プロセス

1.1 はじめに

われわれの身のまわりを眺めてみると，衣類，電気製品，自動車，文具，家具などにいかに多くの合成高分子が使用されているかに驚かされる．すなわち，プラスチック，繊維，ゴムなどの合成高分子なくしてはわれわれの生活は成り立たなくなっている．高分子について学ぶ第一歩として，どのようにして合成されているかを知る必要がある．そこで，本章では基本的な高分子合成法について述べる．高分子（polymer, macromolecule）は分子量の大きな化合物であり，モノマー（単量体，monomer）の重合（polymerization）により得られる．その合成法は以下に示す付加重合，縮合重合，付加縮合，開環重合，そして重付加に分類される．

ⅰ) 付加重合（addition polymerization）： 一般的に炭素-炭素二重結合を有するモノマーはビニルモノマー（vinyl monomer）とも呼ばれ，二重結合が開裂し，他のモノマーと連鎖的に反応して高分子を生成する．典型例として，重合開始剤の存在下のスチレンのラジカル重合（式 (1.1)），触媒存在下のプロピレンの配位重合（式 (1.2)）をあげる．

$$n\ CH_2=CH(C_6H_5) \xrightarrow{重合開始剤} -(CH_2-CH(C_6H_5))_n- \quad (1.1)$$

$$n\ CH_2=CH(CH_3) \xrightarrow{Al(C_2H_5)_3 + TiCl_4} -(CH_2-CH(CH_3))_n- \quad (1.2)$$

ⅱ) 縮合重合（condensation polymerization）： ナイロン（nylon）やポリエステル（polyester）の合成では，重合が縮合反応の繰り返しにより進行する

ので，縮合重合と呼ばれる．具体例を示すと，ナイロン66はアジピン酸とヘキサメチレンジアミンの重合（式（1.3））で，一方，ポリエチレンテレフタレートはテレフタル酸とエチレングリコールの重合（式（1.4））で製造されている．

$$n\ HO\text{-}C(O)\text{-}(CH_2)_4\text{-}C(O)\text{-}OH + n\ H_2N\text{-}(CH_2)_6\text{-}NH_2 \xrightarrow{-2n\ H_2O}$$
$$\{C(O)\text{-}(CH_2)_4\text{-}C(O)\text{-}NH\text{-}(CH_2)_6\text{-}NH\}_n \tag{1.3}$$

$$n\ HO\text{-}C(O)\text{-}C_6H_4\text{-}C(O)\text{-}OH + n\ HOCH_2CH_2OH \xrightarrow{-2n\ H_2O}$$
$$\{C(O)\text{-}C_6H_4\text{-}C(O)\text{-}O\text{-}CH_2CH_2\text{-}O\}_n \tag{1.4}$$

iii) 付加縮合（addition polycondensation）： フェノール樹脂はフェノールに対するホルムアルデヒドの付加反応（式（1.5）），そして付加生成物の縮合反応を利用して合成されている（式（1.6））．このような重合を付加縮合という．

$$C_6H_5OH + HCHO \longrightarrow o\text{-}HOC_6H_4CH_2OH \quad (付加) \tag{1.5}$$

$$o\text{-}HOC_6H_4CH_2OH + C_6H_5OH \xrightarrow{-H_2O} (HOC_6H_4)CH_2(C_6H_4OH) \quad (縮合) \tag{1.6}$$

iv) 開環重合（ring-opening polymerization）： 文字通り環状モノマーが環を開いて重合する反応で，ε-カプロラクタムの開環重合によるナイロン6の合成がその典型例である（式（1.7））．

$$n\ \text{(cyclo-}(CH_2)_5\text{-C(=O)-NH)} \xrightarrow{触媒} \{C(O)\text{-}(CH_2)_5\text{-}NH\}_n \tag{1.7}$$

v) 重付加（polyaddition）： イソシアナートとアルコールの反応によりウレタンが生成する．この反応は付加反応（addition reaction）であり，この付加反応の繰り返しでポリマーが生成する重合反応を重付加という．代表例として，ヘキサメチレンジイソシアナートとブタンジオールからのポリウレタン合成を示す（式（1.8））．

$$n\ O\text{=}C\text{=}N\text{-}(CH_2)_6\text{-}N\text{=}C\text{=}O + n\ HO\text{-}(CH_2)_4\text{-}OH \longrightarrow$$
$$\{C(O)\text{-}NH\text{-}(CH_2)_6\text{-}NH\text{-}C(O)\text{-}O\text{-}(CH_2)_4\text{-}O\}_n \tag{1.8}$$

以上，高分子合成法の概要を示した．次節より各合成法についてより詳細に述

べる．

1.2 付加重合

付加重合は成長活性種の違いによりさらに，ラジカル，カチオン，アニオン，配位重合に分けられる．本節で扱う代表的なビニルモノマーを表 1.1 に示す．

それでは，それぞれの重合の特徴および挙動，速度論的取り扱いなどを学ぼう．

表 1.1 代表的なビニルモノマー

$CH_2=CH_2$	$CH_2=CH(CH_3)$	$CH_2=CH(Cl)$	$CH_2=CH\text{-}OOC\text{-}CH_3$
エチレン	プロピレン	塩化ビニル	酢酸ビニル
$CH_2=CH\text{-}\bigcirc$	$CH_2=CH\text{-}(CN)$	$CH_2=CHCOOCH_3$	$CH_2=C(CH_3)COOCH_3$
スチレン	アクリロニトリル	アクリル酸メチル	メタアクリル酸メチル
$CH_2=CH\text{-}OCH_3$	$CH_2=CH\text{-}CH=CH_2$	$CH_2=C(CH_3)\text{-}CH=CH_2$	$CH_2=CCl(Cl)$
メチルビニルエーテル	ブタジエン	イソプレン	ビニリデンクロリド

1.2.1 ラジカル重合 (radical polymerization)

ラジカル重合は成長活性種がラジカルであり，工業的に非常に重要な高分子合成法である．この重合は連鎖反応機構で進行し，開始，成長，停止の素反応からなる．

a．素反応

i) 開始反応 (initiation)： ラジカル重合は一般的にラジカル開始剤 (initiator) を用いて開始される．結合解離エネルギーの小さなアゾ化合物や過酸化物が熱分解型開始剤として用いられる．それぞれの代表例として，アゾビスイソブチロニトリル (2,2′-azobisisobutyronitrile；AIBN) (式 (1.9)) と過酸化ベンゾイル (benzoylperoxide；BPO) (式 (1.10)) の分解反応を示す．

$$CH_3\underset{CN}{\underset{|}{\overset{CH_3}{\overset{|}{C}}}}\text{-}N=N\text{-}\underset{CN}{\underset{|}{\overset{CH_3}{\overset{|}{C}}}}CH_3 \longrightarrow 2\ CH_3\underset{CN}{\underset{|}{\overset{CH_3}{\overset{|}{C}}}}\cdot\ +\ N_2 \quad (1.9)$$

$$\bigcirc\text{-}C(=O)\text{-}O\text{-}O\text{-}C(=O)\text{-}\bigcirc \longrightarrow 2\ \bigcirc\text{-}C\text{-}O\cdot$$

$$\longrightarrow 2\ \bigcirc\cdot\ +\ 2\ CO_2 \quad (1.10)$$

これらの分解反応は 60〜80℃付近で進行し，生成したラジカル (R·) はビニル

モノマーに付加し重合を開始する．開始反応段階の一般式 (1.11)，(1.12) を示す．開始剤 (I) から生じたラジカルはビニル基の置換基のついていない炭素を攻撃する．これはラジカルの安定性が第一級，第二級，第三級の順に増大するからである．

$$I \longrightarrow 2R\cdot \qquad I: 開始剤 \qquad (1.11)$$

$$R\cdot + CH_2=CH(X) \longrightarrow R\text{-}CH_2\text{-}CH(X)\cdot \qquad X: 置換基 \qquad (1.12)$$

ii) 成長反応（propagation）： 開始反応で生じたモノマーラジカルはモノマーに連鎖的に付加して，ポリマーラジカル（成長ラジカル）に成長する．この段階は一般式 (1.13) で表される．

$$R\text{-}(CH_2\text{-}CH(X))_{n-1}\text{-}CH_2\text{-}CH(X)\cdot + CH_2=CH(X) \longrightarrow R\text{-}(CH_2\text{-}CH(X))_n\text{-}CH_2\text{-}CH(X)\cdot \qquad (1.13)$$

iii) 停止反応（termination）： 成長ラジカルは再結合（recombination または coupling）または不均化（disproportionation）により重合活性を失いポリマーになる．再結合は成長ラジカル同士が結合する反応であり（式 (1.14)），不均化では成長ラジカルが他の成長ラジカルから水素ラジカルを引き抜き，飽和の末端をもつポリマーと不飽和末端をもつポリマーを生成する（式 (1.15)）．

再結合
$$R\text{-}(CH_2\text{-}CH(X))_n\text{-}CH_2\text{-}CH(X)\cdot + R\text{-}(CH_2\text{-}CH(X))_m\text{-}CH_2\text{-}CH(X)\cdot$$
$$\longrightarrow R\text{-}(CH_2\text{-}CH(X))_n\text{-}CH_2\text{-}CH(X)\text{-}CH(X)\text{-}CH_2\text{-}(CH(X)\text{-}CH_2)_m R \qquad (1.14)$$

不均化
$$R\text{-}(CH_2\text{-}CH(X))_n\text{-}CH_2\text{-}CH(X)\cdot + R\text{-}(CH_2\text{-}CH(X))_m\text{-}CH_2\text{-}CH(X)\cdot$$
$$\longrightarrow R\text{-}(CH_2\text{-}CH(X))_n\text{-}CH_2\text{-}CH_2 + R\text{-}(CH_2\text{-}CH(X))_m\text{-}CH=CH(X) \qquad (1.15)$$

スチレンのような 1-置換ビニルモノマーは再結合停止を行いやすく，1,1-ジ置換ビニルモノマーであるメタアクリル酸メチルなどは立体障害により再結合停止は起こりにくく，主に不均化停止する．

b．ラジカル重合の速度論 ラジカル重合挙動を明らかにするために，その速度論を学ぶ必要がある．その取り扱いの際，以下の仮定をおく．

　［ラジカルの等反応性，すなわち，ラジカルの反応性は重合度によらない］
　［ラジカルの生成速度と消失速度は等しい（定常状態，steady-state）が成立する］

開始段階は式 (1.11), (1.12) で表されるので, 開始剤 (I) の濃度を [I] とすると, 開始ラジカルの生成速度 R_i は式 (1.16) になる. この式中の k_d は開始剤の分解速度定数である.

$$R_i = 2fk_d[\mathrm{I}] \tag{1.16}$$

開始剤の分解で二つのラジカルが生成するので係数 2 が掛けてあり, また f は開始剤効率 (initiator efficiency) であり, 生成したラジカルのうちモノマーと反応する割合である.

一方, 停止反応速度 R_t は停止反応速度定数を k_t とすると式 (1.17) で表される.

$$R_t = 2k_t[\mathrm{M}\cdot]^2 \tag{1.17}$$

この段階でも二つの成長ラジカルが消失するので, 係数 2 が掛けてある.

ここで, 定常状態を仮定すると, 式 (1.16) と (1.17) より

$$2fk_d[\mathrm{I}] = 2k_t[\mathrm{M}\cdot]^2 \tag{1.18}$$

式 (1.18) より, 成長ラジカル濃度 [M・] は

$$[\mathrm{M}\cdot] = \left(\frac{fk_d}{k_t}\right)^{1/2}[\mathrm{I}]^{1/2} \tag{1.19}$$

となる. モノマーの消失速度は成長反応だけを考えればよいので (モノマーは開始段階でも消失するが, 成長段階に比べれば無視できる), 重合速度 R_p は成長反応速度定数を k_p とすると,

$$R_p = k_p[\mathrm{M}\cdot][\mathrm{M}] = k_p\left(\frac{fk_d}{k_t}\right)^{1/2}[\mathrm{I}]^{1/2}[\mathrm{M}] \tag{1.20}$$

これより, 重合速度は開始剤濃度の 1/2 次, モノマー濃度の 1 次に比例することになる.

実際, この挙動は多くのラジカル重合で成り立つことが認められている.

c. 分子量 (molecular weight) ラジカル重合において, 分子量はどのように予測されるのだろうか. 重合を開始した 1 個のラジカルが停止して安定な高分子になるまでに反応するモノマー分子数を動力学的鎖長 ν (kinetic chain length) という. ν は定義により開始または停止反応速度と重合速度の比で与えられる (式 (1.21)).

$$\nu = \frac{R_p}{R_i} = \frac{R_p}{R_t} \tag{1.21}$$

式 (1.21) に式 (1.17), (1.19) および (1.20) を代入すると,
$$\nu = k_p[\mathrm{M}\cdot][\mathrm{M}]/2k_t[\mathrm{M}\cdot]^2 = k_p[\mathrm{M}]/2(fk_ak_t)^{1/2}[\mathrm{I}]^{1/2} \quad (1.22)$$
もし後に述べる連鎖移動が起こらないならば,生成ポリマーの数平均重合度 $\overline{X}_n$ (number-average degree of polymerization) は不均化停止の場合に ν, 再結合停止の場合に 2ν となる. 式 (1.22) より,数平均重合度はモノマー濃度の 1 次に比例し,開始剤濃度の 1/2 次に反比例する.

d. 連鎖移動反応 (chain transfer) 実際の重合で得られる数平均重合度は理論的に得られる数平均重合度よりは小さい. これは不均化,再結合停止のほかに,成長ラジカルが溶媒,モノマー,開始剤,ポリマーから水素を引き抜き停止するためである. この反応を連鎖移動反応と呼び,式 (1.23) で表される.
$$\mathrm{M}_n\cdot + \mathrm{XA} \longrightarrow \mathrm{M}_n\text{-}\mathrm{X} + \mathrm{A}\cdot \quad (1.23)$$
ここで XA は溶媒,モノマー,開始剤,ポリマーであり,A· は新しく生成したラジカルである. この新しく生成したラジカルの反応性が成長ラジカルと変わらなければ重合速度は変わらない. しかし,ポリマー鎖の成長は連鎖移動により止まる. したがって,数平均重合度 $\overline{X}_n$ は低下する. 連鎖移動反応速度定数を k_{tr} とすると,その速度 R_{tr} は次式で表される.
$$R_{tr} = k_{tr}[\mathrm{M}\cdot][\mathrm{XA}] \quad (1.24)$$
そのときの数平均重合度 $\overline{X}_n$ は
$$\overline{X}_n = \frac{R_p}{R_t + R_{tr}} = \frac{k_p[\mathrm{M}\cdot][\mathrm{M}]}{2k_t[\mathrm{M}\cdot]^2 + k_{tr,\mathrm{M}}[\mathrm{M}\cdot][\mathrm{M}] + k_{tr,\mathrm{S}}[\mathrm{M}\cdot][\mathrm{S}] + k_{tr,\mathrm{I}}[\mathrm{M}\cdot][\mathrm{I}]} \quad (1.25)$$
で表される. モノマー,溶媒,開始剤への連鎖移動定数をそれぞれ,$C_\mathrm{M} = k_{tr,\mathrm{M}}/k_p$, $C_\mathrm{S} = k_{tr,\mathrm{S}}/k_p$, $C_\mathrm{I} = k_{tr,\mathrm{I}}/k_p$ とすると生成ポリマーの数平均重合度は次式で与えられる.
$$\frac{1}{\overline{X}_n} = C_\mathrm{M} + C_\mathrm{S}\frac{[\mathrm{S}]}{[\mathrm{M}]} + C_\mathrm{I}\frac{[\mathrm{I}]}{[\mathrm{M}]} + \frac{1}{\overline{X}_n^0} \quad (1.26)$$
ただし,$1/\overline{X}_n^0$ は連鎖移動がないときの数平均重合度である.

1.2.2 ラジカル共重合 (radical copolymerization)

これまでは 1 種類のモノマーの重合による単独重合体 (homopolymer) の生成を扱ってきた. 単独重合体の性質を改善するために,2 種類以上のモノマーを

混合し,共重合(copolymerization)させ,共重合体(copolymer)を得る方法が工業的にも多くなされている.その際に得られる共重合体の組成はどのようになるのであろうか.

a. 共重合体の組成　2種類のモノマー,M_1とM_2の共重合を考える.その素反応および各反応の速度は以下のようになる.

反応速度

$\sim\!\sim\!M_1\cdot \;+\; M_1 \;\xrightarrow{k_{11}}\; \sim\!\sim\!M_1\cdot \quad k_{11}[M_1\cdot][M_1]$ (1.27)

$\sim\!\sim\!M_1\cdot \;+\; M_2 \;\xrightarrow{k_{12}}\; \sim\!\sim\!M_2\cdot \quad k_{12}[M_1\cdot][M_2]$ (1.28)

$\sim\!\sim\!M_2\cdot \;+\; M_1 \;\xrightarrow{k_{21}}\; \sim\!\sim\!M_1\cdot \quad k_{21}[M_2\cdot][M_1]$ (1.29)

$\sim\!\sim\!M_2\cdot \;+\; M_2 \;\xrightarrow{k_{22}}\; \sim\!\sim\!M_2\cdot \quad k_{22}[M_2\cdot][M_2]$ (1.30)

二つのモノマーの消失速度は

$$\frac{-d[M_1]}{dt} = k_{11}[M_1\cdot][M_1] + k_{21}[M_2\cdot][M_1] \quad (1.31)$$

$$\frac{-d[M_2]}{dt} = k_{12}[M_1\cdot][M_2] + k_{22}[M_2\cdot][M_2] \quad (1.32)$$

となる.ある時間での生成共重合体中の二つのモノマー単位の割合は式 (1.31) を式 (1.32) で割ることで得られる.

$$\frac{d[M_1]}{d[M_2]} = \frac{k_{11}[M_1\cdot][M_1] + k_{21}[M_2\cdot][M_1]}{k_{12}[M_1\cdot][M_2] + k_{22}[M_2\cdot][M_2]} \quad (1.33)$$

ここで,定常状態では$M_1\cdot$と$M_2\cdot$の濃度が等しいとすると,

$$k_{21}[M_2\cdot][M_1] = k_{12}[M_1\cdot][M_2] \quad (1.34)$$

となる.この関係を式 (1.33) に代入すると,

$$\frac{d[M_1]}{d[M_2]} = \frac{(k_{11}/k_{12})[M_1]/[M_2] + 1}{1 + (k_{22}/k_{21})[M_2]/[M_1]} = \frac{[M_1](r_1[M_1] + [M_2])}{[M_2]([M_1] + r_2[M_2])} \quad (1.35)$$

が得られる.ただし,$r_1 = k_{11}/k_{12}$,$r_2 = k_{22}/k_{21}$である.式 (1.35) は共重合組成式 (copolymerization composition equation) である.また,r_1,r_2値はそれぞれM_1およびM_2モノマーのモノマー反応性比 (monomer reactivity ratio) と呼ばれ,モノマーの共重合性を示す.$0<r<1$の場合は交差成長が起こりやすく,一方,$r>1$の場合は自己成長しやすいことを意味する.代表的なモノマーの反応性比を表1.2に示す.また,各種r_1,r_2値の組み合わせにおけるモノマー・コポリマーの組成曲線を図1.1に示す.

一般的な共重合では,$0<r_1r_2<1$であり,$r_1r_2=1$の場合はランダム共重合体

表 1.2 代表的なモノマーの反応性比

M_1	M_2	r_1	r_2	$r_1 \cdot r_2$
スチレン	アクリル酸メチル	0.75	0.18	0.14
	メタアクリル酸メチル	0.52	0.46	0.24
	アクリロニトリル	0.40	0.04	0.016
	1,3-ブタジエン	0.58	1.35	0.78
	酢酸ビニル	55	0.01	0.55
メタアクリル酸メチル	アクリル酸メチル	2.15	0.40	0.86
	アクリロニトリル	1.32	0.14	0.18
	1,3-ブタジエン	0.25	0.75	0.19
	酢酸ビニル	20	0.015	0.30

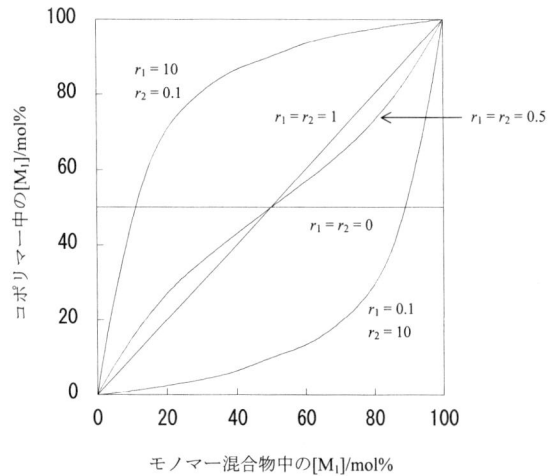

図 1.1 モノマー・コポリマーの組成曲線

が得られ,特に $r_1=r_2=1$ の場合はモノマーの仕込み組成とコポリマー中の組成が同じで,理想共重合と呼ばれる。$r_1 r_2 > 1$ では単独重合が優先して起こり,ラジカル共重合では例はない。一方,$r_1=r_2=0$ の場合は自己成長反応が進行しないので,交互共重合体が得られる.

b. Q, e 論 AlfreyとPriceはモノマーの共重合反応性がモノマーやそのラジカルの共鳴安定性および極性に依存していることに着目し,共重合の成長反応速度定数 k_{12} が式 (1.36) で表されると仮定した.

$$k_{12} = P_1 Q_2 \exp(-e_1 e_2) \tag{1.36}$$

ここで,P_1,Q_2 はそれぞれ M_1・ラジカル,M_2 モノマーの共鳴安定性,そして,

表 1.3 モノマーの Q 値と e 値

モノマー	Q	e
エチルビニルエーテル	0.015	-1.6
酢酸ビニル	0.026	-0.88
スチレン	1.00	-0.80
1,3-ブタジエン	1.70	-0.50
エチレン	0.016	0.05
塩化ビニル	0.056	0.16
メタアクリル酸メチル	0.78	0.40
アクリル酸メチル	0.45	0.64
アクリロニトリル	0.48	1.23

e_1, e_2 はそれぞれの極性の程度を表す.これを用いてモノマーの反応性比を表すと,

$$r_1 = \frac{k_{11}}{k_{12}} = \frac{Q_1}{Q_2} \exp[-e_1(e_1-e_2)] \tag{1.37}$$

$$r_2 = \frac{k_{22}}{k_{21}} = \frac{Q_2}{Q_1} \exp[-e_2(e_2-e_1)] \tag{1.38}$$

になる.いま,基準モノマーにスチレンを選び,その Q を 1.0,e を -0.8 とし,スチレンと各種のビニルモノマーの共重合を行い,得られた r_1 と r_2 の値から式 (1.37), (1.38) を用いて Q, e 値が求められる.代表的なビニルモノマーの Q, e 値を表 1.3 に示す.

共役型のモノマーは大きな Q 値をもち,非共役型のモノマーの Q 値は小さい.電子吸引性の置換基をもつモノマーは正の e 値をもち,一方,負の e 値をもつモノマーは電子供与性置換基を有する.Q 値の大きなモノマーはモノマーとして反応性が高いがラジカルでは反応性が小さい.また,式 (1.37), (1.38) より $r_1 r_2 = \exp[-(e_1-e_2)^2]$ になる.したがって,e 値の大きく異なる組み合わせの共重合では $r_1 r_2$ が 0 に近づき,交互性の高いポリマーが得られる.

1.2.3 カチオン重合 (cationic polymerization)

イオン重合 (ionic polymerization) は成長活性種がイオンである重合であり,イオン種によりさらに,カチオン重合とアニオン重合に分けられる.

電子供与性基を有するビニルモノマーの二重結合の π 電子密度は高いので,電子不足の化学種,すなわち求電子剤の攻撃を受けやすい.有機化学ではこの反応を求電子付加 (electrophilic addition) 反応と呼ぶ.その際,求電子剤の対ア

ニオンの塩基性が非常に低い場合，カルボカチオン（炭素陽イオン）が生成する．このカルボカチオンがカチオン重合の成長活性種となり，次々にモノマーに付加しポリマーを与える．スチレン誘導体，イソブテン，ビニルエーテルなど負の e 値をもつモノマーがカチオン重合をする．

素反応

i) 開始反応： 開始は開始剤の求電子剤がビニルモノマーの二重結合へ求電子付加しカルボカチオンを生成する（式 (1.39)）．

$$HA + CH_2=CHX \longrightarrow CH_3-\overset{+}{C}H(A^-)X \quad (1.39)$$

開始剤としては，プロトン酸（H_2SO_4，$HClO_4$，CF_3SO_3H など），ルイス酸（$BF_3 \cdot O(C_2H_5)_2$，$SnCl_4$，$AlCl_3$ など），カチオン塩（$(C_6H_5)_3C^+SbF_6^-$，$(C_6H_5)_2I^+PF_6^-$ など）が用いられる．ルイス酸はそれ自身では重合を開始せず，水，アルコール，ハロゲン化アルキルなどのプロトン源とともに用いる．

$$BF_3 + H_2O \longrightarrow H^+BF_3OH^-$$

ii) 成長反応： 開始反応で生じた開始カルボカチオンが求電子的にモノマーに付加して，ポリマーカルボカチオン（成長カルボカチオン）に成長する．この段階は一般式 (1.40) で表される．

$$H-(CH_2-CHX)_{n-1}CH_2-\overset{+}{C}H(A^-)X + CH_2=CHX \longrightarrow H-(CH_2-CHX)_n CH_2-\overset{+}{C}H(A^-)X \quad (1.40)$$

iii) 停止反応： ラジカル重合では成長ラジカル同士のカップリングによる二分子停止反応は容易に起こるが，イオン重合では，同種イオン同士のカップリングは起こりえない．停止反応として，対イオンの成長カルボカチオンへの再結合（式 (1.41)）があげられるが，対アニオンやモノマーによる成長末端の β 位の水素の引き抜き（式 (1.42)，(1.43)）などの連鎖移動反応がカチオン重合における主要な連鎖停止反応である．

$$H-(CH_2-CHX)_n CH_2-\overset{+}{C}H(A^-)X \longrightarrow \sim CH-CH-A \atop X \quad (1.41)$$

$$\longrightarrow \sim CH=CH \atop X + H^+A^- \quad (1.42)$$

$$\xrightarrow{CH_2=CHX} \sim CH=CH \atop X + CH_3-\overset{+}{C}H(A^-) \atop X \quad (1.43)$$

1.2.4 アニオン重合 (anionic polymerization)

カチオン重合性モノマーとは逆に電子吸引性基を有するビニルモノマーの二重結合の π 電子密度は低いので，孤立電子対をもつ化学種，すなわち求核剤の攻撃を受ける．有機化学ではこの反応を求核付加（nucleophilic addition）反応と呼ぶ．その際，求核剤の対カチオンが安定な場合，カルボアニオン（炭素陰イオン）が生成する．このカルボアニオンがアニオン重合の成長活性種となり，次々にモノマーに付加しポリマーを与える．一般的にアクリル酸メチル，メタアクリル酸メチル，アクリロニトリルなど正の e 値をもつモノマーはアニオン重合しやすい．しかし，強塩基を用いるとスチレン，ブタジエンなどの重合も進行する．

素反応

ⅰ）開始反応： 開始反応は求核剤のビニルモノマーへの求核攻撃により起こるので，開始剤の塩基の強さとビニルモノマーの二重結合の π 電子密度の関係が重要になる．

$$R^-M^+ + CH_2=CH(X) \longrightarrow R\text{-}CH_2\text{-}\overset{-}{C}H(X)(M)^+ \qquad (1.44)$$

鶴田はこの関係を表 1.4 にまとめた．

塩基性の高い開始剤である有機アルカリ金属類は二重結合の π 電子密度の比較的高い（e 値が負である）スチレン，ブタジエン類の重合を開始できるし，もちろん，これらのモノマーより二重結合の π 電子密度がより低いモノマー，例えば，メタアクリル酸エステルやアクリロニトリルの重合も可能である．一方，非常に塩基性の低いピリジン，水では，π 電子密度の非常に低い（e 値が大きな正である）α-シアノアクリル酸エステル類の重合しか開始できない．

表 1.4 アニオン重合の開始剤とモノマーの反応性

開始剤	モノマー
Li, Na, K C_4H_9Li	スチレン ブタジエン
RMgX, $t\text{-}C_4H_9OK$	アクリル酸メチル メタアクリル酸メチル
ROK, TONa	メチルビニルケトン アクリロニトリル
NR_3, H_2O	α-シアノアクリル酸メチル シアン化ビニリデン

開始剤としてナフタレンナトリウム（式（1.45））を用いたスチレンの重合では，ナフタレンラジカルアニオンからモノマーへの電子移動（electron transfer）が起こり，モノマーラジカルアニオンが生成する（式（1.46））．このラジカルアニオンは速やかに二量化し，二量化カルボアニオン（式（1.47））になり，これがスチレンの重合を開始する．

$$Na + C_{10}H_8 \longrightarrow [C_{10}H_8]^{\cdot -} Na^+ \quad (1.45)$$

$$[C_{10}H_8]^{\cdot -} Na^+ + CH_2{=}CH(C_6H_5) \longrightarrow {\cdot}CH_2{-}\bar{C}H(C_6H_5) Na^+ \quad (-C_{10}H_8) \quad (1.46)$$

$$2\ {\cdot}CH_2{-}\bar{C}H(C_6H_5) Na^+ \longrightarrow Na^+\bar{C}H(C_6H_5){-}CH_2{-}CH_2{-}\bar{C}H(C_6H_5)Na^+ \quad (1.47)$$

ii）成長反応：開始反応で生じた開始カルボアニオンが求核的にモノマーに付加して，ポリマーカルボアニオン（成長カルボアニオン）に成長する．この段階は一般式（1.48）で表される．

$$R{-}(CH_2{-}CH(X))_{n-1}{-}CH_2{-}\bar{C}H(X)(M)^+ + CH_2{=}CH(X) \longrightarrow R{-}(CH_2{-}CH(X))_n{-}CH_2{-}\bar{C}H(X)(M)^+ \quad (1.48)$$

iii）停止反応：アニオン重合では対カチオンの付加による停止反応はなく，水や酸性物質などの不純物による停止（式（1.49）），成長カルボアニオンの分子内求核置換反応による停止（式（1.50））などがあげられる．

$$R{-}(CH_2{-}CH(X))_n{-}CH_2{-}\bar{C}H(X)(M)^+ + H_2O \longrightarrow R{-}(CH_2{-}CH(X))_n{-}CH_2{-}CH_2(X) + MOH \quad (1.49)$$

（式（1.50）：分子内求核置換反応による環化，CH_3O^− の脱離）

1.2.5 配位アニオン重合

高温（180°C程度），高圧（2000気圧程度）下，エチレンのラジカル重合で得られるポリエチレンは分岐の多い非晶性のポリマーで，低密度ポリエチレン（low density polyethylene；LDPE）と呼ばれる．1953年，Ziegler（ドイツ）は有機アルミニウム化合物と四塩化チタンの混合物にエチレンを導入すると常温常圧でポリエチレンが得られることを見出した（式(1.51)）．得られたポリエチレンは分岐の少ない結晶性ポリマーで高密度ポリエチレン（high density polyethylene；HDPE）と呼ばれる．

$$CH_2=CH_2 \xrightarrow{Al(C_2H_5)_3/TiCl_4} -(CH_2-CH_2)_n- \qquad (1.51)$$

一方，Natta（イタリア）はZiegler触媒を改良して，ラジカル，イオン重合では高分子量体が得られないプロピレンの重合から立体規則性の高いイソタクチックポリプロピレンの重合に成功した．以後，有機金属化合物と遷移金属化合物からなる多くの触媒（Ziegler-Natta触媒）がα-オレフィン，共役ジエンの重合に用いられた．

重合機構

重合機構としていくつか提案されているが，ここでは広く受け入れられているCosseeのモデルを示す．$TiCl_4$表面上に存在する格子欠陥にAlR_3が反応して，$R^-\cdots Ti^+$に分極した結合と空配位座（vacant site）をもつ重合活性中心が生じる（式(1.52)）．この空配位座にオレフィンモノマーが配位，引き続き$R^-\cdots Ti^+$結合に挿入する（式(1.53)）．この反応が繰り返されることによりポリマー鎖が成長する．このようにモノマーが配位した後，負の電荷を帯びた炭素上に挿入されるので，配位アニオン重合と呼ばれる．

初期の Ziegler-Natta 触媒では，重合触媒中の Ti，1 g 当たり数 kg 程度しかポリエチレンが生成しなかったが，現在では，$MgCl_2$ などの種々の担持成分の導入により従来の触媒に比べて 100 倍以上の活性を有する高活性 Ziegler-Natta 触媒が開発されている．

Ziegler-Natta 触媒は不均一触媒であるが，均一系触媒として，メタロセン (metallocene) 触媒がある．メタロセンとは 2 個のシクロペンタジエニル環 (Cp) がサンドイッチ状に金属原子をはさんだ化合物である（式 (1.54))．

$$\text{Cp}_2\text{MX}_2 \tag{1.54}$$

メタロセン触媒は Zr，Ti などのメタロセン化合物とトリメチルアルミニウムと水との縮合生成物であるメチルアルミノキサン $(-O-Al(CH_3)-)_n$ (MAO) からなる．不均一系の Ziegler-Natta 触媒は活性点が固体触媒のごく一部しか存在しないために使用する触媒活性（触媒に対する生成ポリマー量）が小さく，また得られるポリマーの分子量分布は広い．一方，メタロセン触媒は均一系触媒なので，ほとんどすべての遷移金属原子が活性種になり，すなわち非常に触媒活性が高く，しかも生成するポリマーの分子量分布は狭く，高い立体規則性を有している．

重合はまず，遷移金属のアルキル化が起こり，脱アルキル化を経て遷移金属の配位不飽和カチオン種が重合活性種になり，これにオレフィンモノマーが付加挿入されてゆく．MAO の触媒効果は明らかでないが，カチオン種の安定化に寄与していると考えられている（式 (1.55))．

$$\text{Cp}_2\text{ZrCl}_2 + \text{MAO} \longrightarrow [\text{Cp}_2\text{ZrMe}_2] \xrightarrow{-\text{Me}} \text{Cp}_2\text{Zr}^+\text{Me}(\text{MAO})^- \tag{1.55}$$

1.3 縮合重合

縮合 (condensation) とは，有機分子間，分子内反応で水のような簡単な分子の脱離を伴って生成物を与えることを意味し，典型例をカルボン酸とアルコールからのエステル化反応にみることができる．この反応の生成物はエステルであり，簡単な脱離分子が水になる（式 (1.56)）．

$$\text{RCOH} + \text{R'OH} \xrightleftharpoons{\text{H}^+} \text{RCOR'} + \text{H}_2\text{O} \qquad (1.56)$$

この縮合反応を二官能性モノマー間の反応に拡張すると，多くの縮合反応が繰り返し起こりポリマーが生成する（式 (1.3), (1.4)）．この重合の様子をジカルボン酸とジオールからのポリエステル合成でみてみよう．まず，ジカルボン酸とジオールの縮合により二量体 (dimer) が生成する（式 (1.57)）．

$$\text{HOC-R-C-OH} + \text{HO-R'-OH} \longrightarrow \text{HOC-R-C-O-R'-OH} + \text{H}_2\text{O} \qquad (1.57)$$

次に二量体とモノマーが反応して三量体 (trimer) になる（式 (1.58), (1.59)）．

$$\text{HO-R'-OH} + \text{HOC-R-C-O-R'-OH} \longrightarrow \text{HO-R'-OC-R-C-O-R'-OH} + \text{H}_2\text{O} \qquad (1.58)$$

$$\text{HOC-R-C-O-R'-OH} + \text{HOC-R-C-OH} \longrightarrow \text{HOC-R-C-O-R'-OC-R-C-OH} + \text{H}_2\text{O} \qquad (1.59)$$

また，二量体同士で反応すると四量体 (tetramer) が生成する（式 (1.60)）．

$$2 \; \text{HOC-R-C-O-R'-OH} \longrightarrow \text{HOC-R-C-O-R'-OC-R-C-O-R'-OH} + \text{H}_2\text{O} \qquad (1.60)$$

重合はこのような縮合反応を繰り返して進行し，重合度 (degree of polymerization) の大きなポリマーに成長してゆく．重合度とは生成ポリマー中の繰り返し構造単位の数である．この重合挙動からわかるように，重合は逐次的に進行するので，これまでみてきた連鎖的に進行するビニルモノマーの連鎖重合 (chain polymerization) に対比して，逐次重合 (stepwise polymerization) と呼ばれる．

a．縮合重合の速度論　カルボン酸とアルコールからのエステル化反応の場合，反応速度 v は速度定数 k_1 にカルボン酸とアルコール濃度を掛けて，$v = k_1$ [カルボン酸][アルコール] で表される．ところが，ジカルボン酸とジオールからのポリエステル合成の際には，上記のような多くの素反応があるので，これらに対応した速度定数を考慮すると重合の速度論的取り扱いが非常に難しくなる．

そこで，官能基の反応性は分子量に依存しないと仮定する．

酸触媒（HA）存在下，等モルのジカルボン酸とジオールからのポリエステル合成を考える．重合は以下のような機構で進行する．まず，カルボニル酸素がプロトン化されカルボカチオンが生成する（式 (1.61)）．

$$\sim\!\!\underset{\underset{O}{\|}}{C}\text{-OH} + HA \underset{k_2}{\overset{k_1}{\rightleftharpoons}} \sim\!\!\underset{OH}{\overset{+}{C}}\text{-OH} \;(A^-) \tag{1.61}$$

次に，このカルボカチオンはジオールの求核攻撃を受け，四面体中間体（tetrahedral intermediate）を生成する（式 (1.62)）．

$$\sim\!\!\underset{OH}{\overset{+}{C}}\text{-OH} \;(A^-) + \sim\!\!\text{OH} \underset{k_4}{\overset{k_3}{\rightleftharpoons}} \sim\!\!\underset{\underset{OH}{|}}{\overset{\overset{+}{OH}}{C}}\text{-OH} \;(A^-) \tag{1.62}$$

この中間体から水と触媒に用いた酸が脱離してエステル結合が生成する（式 (1.63)）．

$$\sim\!\!\underset{\underset{OH}{|}}{\overset{\overset{+}{OH}}{C}}\text{-OH} \;(A^-) \underset{k_6}{\overset{k_5}{\rightleftharpoons}} \sim\!\!\underset{\underset{O}{\|}}{C}\text{-O}\sim + H_2O + HA \tag{1.63}$$

この重合の律速段階は式 (1.62) の段階であるので，ポリエステル化の速度は

$$v = \frac{-d[\text{COOH}]}{dt} = k_3 [C^+(OH)_2][OH] \tag{1.64}$$

で表せる．ただし，[COOH]，[OH]，[$C^+(OH)_2$] はそれぞれカルボキシル基，水酸基，プロトン化されたカルボキシル基の濃度を表し，t は重合時間である．式 (1.64) は直接測定が難しい [$C^+(OH)_2$] を含むので，測定可能な他の濃度で置き換える．式 (1.61) より

$$K = \frac{k_1}{k_2} = \frac{[C^+(OH)_2]}{[\text{COOH}][HA]} \tag{1.65}$$

が得られる．K は平衡定数である．式 (1.65) を式 (1.64) に代入すると，

$$v = \frac{-d[\text{COOH}]}{dt} = k_3 K [\text{COOH}][OH][HA] \tag{1.66}$$

が導かれる．[COOH]＝[OH]＝C，触媒濃度 [HA] は重合中変化しないので，$k_1 K[HA] = k'$ とおくと，

$$\frac{-dC}{dt} = k' C^2 \tag{1.67}$$

となる．これを積分すると

$$\frac{1}{C} - \frac{1}{C_0} = kt \tag{1.68}$$

C_0 は官能基の初濃度を表す．ここで官能基の反応した割合を反応度 p（extent of reaction）と定義する．p は反応の進み具合を表し，反応前は 0 で，100％反応が進行すれば 1 となり，$0 \leq p \leq 1$ の値をとる．

$$p = 1 - \frac{C}{C_0} \qquad C = C_0(1-p) \tag{1.69}$$

式 (1.69) を式 (1.68) に代入すると，

$$\frac{1}{1-p} = C_0 k't + 1 \tag{1.70}$$

が得られる．$1/(1-p)$ と t との間に直線関係が成り立つことになる．$1/(1-p)$ は重合度に等しいので，重合度は時間とともに直線的に増加することになる．式 (1.70) が成り立つことは実験的に証明されている．したがって，官能基の反応性は分子量に依存しないとした仮定は成立することがわかる．

b．分子量と反応度　高分子量のポリマーを得るには反応度を高める必要がある．そこで，反応度 p と分子量の関係をさらにみてみよう．重合系に最初にあった分子数を N_0，ある重合時間における反応度 p での分子数を N とする．このときに得られる数平均重合度 $\bar{X}_n$ は N_0/N である．また，$N = N_0(1-p)$ であるので，$\bar{X}_n$ と p との間には以下の関係式 (1.71) が得られる．

$$\bar{X}_n = \frac{N_0}{N} = \frac{N_0}{N_0(1-p)} = \frac{1}{1-p} \tag{1.71}$$

この関係を表 1.5 に示した．重合度の高いポリマーを得るには $p = 0.99$ 以上にしなければならない．

c．分子量の調整　逐次重合における分子量の調整はどのように行うのか．まず，二官能性モノマーの A—A と B—B モノマーの重合系で B—B モノマーを過剰に加えた場合を考えよう．

官能基 A，B の数をそれぞれ N_A，N_B，その比 $r = N_A/N_B$ で表すと，はじめに重合系にある全分子数は $(N_A + N_B)/2 = N_A(1 + 1/r)/2$ となる．官能基の反応度

表 1.5　数平均重合度と反応度との関係

反応率（％）	0	50	80	90	95	99	99.9
反応度（p）	0	0.50	0.80	0.90	0.95	0.99	0.999
数平均重合度（$\bar{X}_n$）	1	2	5	10	20	100	1000

が p のとき，反応した官能基 B は rp である．したがって，未反応の官能基 A, B の割合はそれぞれ $(1-p)$, $(1-rp)$ であり，未反応の A, B の官能基数はそれぞれ $N_A(1-p)$, $N_B(1-rp)$ で表される．全ポリマー鎖の末端数は未反応の A, B 官能基の総数に等しく，さらにポリマー鎖は二つの末端基をもつので，全ポリマー鎖は全ポリマー鎖の末端数の半分，すなわち

$$\frac{[N_A(1-p)+N_B(1-rp)]}{2} \tag{1.72}$$

になる．数平均重合度 $\bar{X}_n$ は最初に系にあった分子数と生成ポリマー分子数の比から求められるので，

$$\bar{X}_n = \frac{N_A(1+1/r)/2}{[N_A(1-p)+N_B(1-rp)]/2} = \frac{1+r}{1+r-2rp} \tag{1.73}$$

となる．二官能性モノマーが等モルのときは，$r=1$ なので，

$$\bar{X}_n = \frac{1}{1-p} \tag{1.74}$$

となり，式 (1.69) と一致する．一方，重合が 100% 進行したとき（$p=1$）は，

$$\bar{X}_n = \frac{1+r}{1-r} \tag{1.75}$$

になる．たとえば，B—B モノマーを 2% 過剰に使用した場合，$p=1$ のとき，$r=N_A/N_B=1/1.02=0.98$ となるので，$\bar{X}_n=99$ となる．

d. 分子量分布 縮合重合で得られるポリマーの分子量分布を考えてみよう．二官能性モノマー A—A, B—B の重合において，繰り返し単位を n 個もつポリマーを見出す確率を考える．これは官能基 A が $(n-1)$ 回連続して反応し，末端に未反応の官能基 A をもつポリマーを見出す確率に等しい．

$$\underbrace{\text{B—B—A—A—B—B—A—A—B—B—A—A—B—B—}\cdots\cdots\text{—A—A}}_{p^{n-1}}$$
$$\quad\;\, p \quad\;\, p \quad\;\, p \quad\;\, p \quad\;\, p \quad\;\, p \quad\;\, p \quad\;\, p(1-p)$$

ある時間 t で官能基 A が反応した確率は p であるので，未反応の官能基 A を見出す確率は $(1-p)$ になる．重合度 n のポリマーでは官能基 A が $(n-1)$ 回反応し，末端に 1 個の未反応の官能基 A が残っていることになる．したがって，全分子中で重合度 n のポリマーを見出す確率は $p^{n-1}(1-p)$ となる．この確率はいろいろな重合度をもつポリマー中において，重合度 n をもつポリマーのモル分

率に等しい．

重合系にあるポリマーの全数を N とすると，重合度 n のポリマーの数 N_n は

$$N_n = Np^{n-1}(1-p) \tag{1.76}$$

であり，重合度 n の分子数（モル）分率は

$$\frac{N_n}{N} = p^{n-1}(1-p) \tag{1.77}$$

である．重合系に最初にあった分子数を N_0 とすると，$N = N_0(1-p)$ であるので，この式を式 (1.76) に代入すると，

$$N_n = N_0 p^{n-1}(1-p)^2 \tag{1.78}$$

が得られる．一方，n 量体の重量分率 W_n は末端基の分子量を無視すると，

$$W_n = \frac{nN_n}{N_0} = n(1-p)^2 p^{n-1} \tag{1.79}$$

で表される．数平均重合度 $\bar{X}_n$ と重量平均重合度 $\bar{X}_w$ は数および重量分率から導かれる．定義より，

$$\bar{X}_n = \frac{\sum nN_n}{\sum N_n} \tag{1.80}$$

式 (1.80) に式 (1.76) を代入すると，

$$\bar{X}_n = \sum np^{n-1}(1-p) = \frac{1-p}{(1-p)^2} = \frac{1}{1-p} \tag{1.81}$$

が得られる．一方，重量平均重合度 $\bar{X}_w$ は

$$\bar{X}_w = \sum nW_n = \sum n^2 p^{n-1}(1-p)^2 = (1-p)^2 \sum n^2 p^{n-1} \tag{1.82}$$

$$\sum n^2 p^{n-1} = \frac{1+p}{(1-p)^3} \tag{1.83}$$

$$\bar{X}_w = \frac{(1-p)^2(1+p)}{(1-p)^3} = \frac{1+p}{1-p} \tag{1.84}$$

で表される．したがって，多分散度は

$$\frac{\bar{X}_w}{\bar{X}_n} = 1+p \tag{1.85}$$

となる．多分散度は重合度の増大とともに大きくなり，$p=1$ で2となる．

e．重合方法　縮合系高分子の合成には反応性の高いモノマー，低いモノマー，熱的に安定なモノマー，不安定なモノマーなど多種多様のモノマーが使用される．そこで，それらに対応した重合方法を選択する必要がある．

ⅰ）溶融重合（melt polymerization）法：　重合は無溶媒，減圧，高温下で行われる．重合がポリマーの溶融状態で進行するので，この名前がつけられた．したがって，モノマー，ポリマーともに熱的に安定でなければならない．この重合方法は，反応性の低いモノマーからのポリマー合成に適用され，ポリマーの単離，精製が容易であるので，広く工業的に用いられている．代表例として，ナイロン66（式（1.3））の合成方法を示す．アジピン酸とヘキサメチレンジアミンをエタノール中で混合するとナイロン塩が生成する．このナイロン塩を窒素雰囲気下，215℃で2時間，さらに減圧下，270℃で1時間加熱すると融点267℃のナイロン66ができる．

　ⅱ）溶液重合（solution polymerization）：　この重合では重合溶媒を用い，モノマー，ポリマーが溶解した状態で進行する．反応性の中程度から高反応性のモノマーの重合に適用され，また，熱的に不安定なモノマー，ポリマー，高融点をもつポリマー合成に有用である．例えば，耐熱性繊維である芳香族ポリアミド，ポリ（m-フェニレンイソフタルアミド）（商品名 Nomex）は以下のようにして合成される（式（1.86））．

$$\text{ClC(O)-C}_6\text{H}_4\text{-C(O)Cl} + \text{H}_2\text{N-C}_6\text{H}_4\text{-NH}_2 \xrightarrow{-\text{HCl}} \left[-\text{C(O)-C}_6\text{H}_4\text{-C(O)NH-C}_6\text{H}_4\text{-NH}-\right]_n \quad (1.86)$$

　ⅲ）界面重合（interfacial polymerization）：　界面として，液-液，固-液，気-液などの界面があるが，有機相-水相を用いる液-液界面重合が一般的である．この重合は非常に反応性の高いモノマーの重合に用いられる．例として，ナイロン66の合成をあげる．アジピン酸クロリドを四塩化炭素溶液に溶かしビーカーに入れる．この溶液にヘキサメチレンジアミンの水酸化ナトリウム溶液を加えると界面に薄膜ができる．この膜をピンセットでつまみ上げるとひも状のポリアミドが得られる（式（1.87））．

$$\text{ClC(O)-(CH}_2)_4\text{-C(O)Cl} + \text{H}_2\text{N-(CH}_2)_6\text{-NH}_2 \xrightarrow{-\text{HCl}} \left[-\text{C(O)-(CH}_2)_4\text{-C(O)-NH-(CH}_2)_6\text{-NH}-\right]_n \quad (1.87)$$

　ⅳ）固相重合（solid polymerization）：　モノマーの融点以下の温度で重合を行う方法で，モノマーの結晶状態を反映した配向したポリマーが得られる．この方法は溶融，溶液重合法が適用できないポリマーの合成，例えば，高結晶性ポリマー，溶解性の悪いポリマー，モノマーおよびポリマーが融点以上で不安定な

場合に用いられる．例として，6-アミノヘキサン酸（融点：204〜205℃）を減圧下，170℃で重合すると，配向性の高いナイロン6が得られる（式 (1.88)）．

$$H_2N\text{-}(CH_2)_5\text{-}COH \xrightarrow{-H_2O} +HN\text{-}(CH_2)_5\text{-}C+_n \qquad (1.88)$$

f．縮合重合反応 膨大な有機反応の中で，縮合重合に用いられる反応は極端に少ない．これはポリマーを得るには副反応がなく，定量的に進行する反応が必須であるからである．ここで代表的な縮合重合反応を紹介する．

ⅰ）求核アシル置換重合（nucleophilic acyl substitution polymerization）：代表的な縮合系ポリマーであるポリエステル，ポリアミドなどはジカルボン酸誘導体とジオール，ジアミンなどの求核剤との求核アシル置換重合反応で合成されている．求核アシル置換反応は以下の機構で進行する（式 (1.89)）．

$$R\text{-}C(=O)\text{-}L + Nu: \longrightarrow [R\text{-}C(O^-)(L)(Nu)] \longrightarrow R\text{-}C(=O)\text{-}Nu + L: \qquad (1.89)$$

カルボン酸誘導体　求核剤　　　　四面体中間体　　　　生成物　　　脱離基

ここで Nu: は求核剤（nucleophile），L: は脱離基（leaving group）を表す．

　まず，求核剤はカルボン酸誘導体のカルボニル炭素を攻撃し四面体中間体を与える．次にこの中間体から脱離基が脱離し，置換生成物を与える．この反応はカルボン酸誘導体の脱離基性のよさ，すなわち脱離基の塩基性が低いほど容易に進行する．

（1）酸塩化物法（カルボン酸クロリド法）：カルボン酸クロリドの脱離基は塩素イオンであり非常に塩基性が低い，すなわち，その共役酸は強酸のHClであり，非常に高い反応性をもっている．高強度繊維として有名な芳香族ポリアミドであるポリ（p-フェニレンテレフタルアミド）（商品名：Kevlar）は，非プロトン性極性溶媒中，テレフタル酸クロリドと p-フェニレンジアミンの溶液重合により製造されている（式 (1.90)）．

$$ClC(=O)\text{-}C_6H_4\text{-}CCl(=O) + H_2N\text{-}C_6H_4\text{-}NH_2 \xrightarrow{-HCl} +C(=O)\text{-}C_6H_4\text{-}C(=O)NH\text{-}C_6H_4\text{-}NH+_n$$

$$(1.90)$$

（2）酸無水物法：酸無水物の脱離基はカルボン酸（$pKa=4$）なので求核剤と容易に反応する．電子材料分野で耐熱性ポリマーとして有用なポリイミドの合

成例を示す（式 (1.91)）．

$$\text{(1.91)}$$

テトラカルボン酸無水物とジアミンの重合は室温で進行しポリアミド酸を与える，これを加熱処理すると分子内脱水反応が起こりポリイミドが生成する．

ii）芳香族求電子置換重合（aromatic electrophilic substitution polymerization）：まずこの反応の機構を眺めてみよう．反応は求電子剤（electrophile）がπ電子密度の高いベンゼン環を攻撃してカチオン中間体を与える．次にこの中間体からプロトンが脱離して芳香環を再生する．この反応の律速段階は一般に求電子付加の段階である．したがって，求電子モノマーとして反応性の高い酸クロリドと求核モノマーとしてπ電子密度の高い芳香族化合物が用いられる（式 (1.92)）．

$$\text{(1.92)}$$

例えば，この反応を用いてポリエーテルケトンが合成されている（式 (1.93)）．

$$\text{(1.93)}$$

iii）芳香族求核置換重合（aromatic nucleophilic substitution polymerization）：芳香族ハライドは脂肪族ハライドに比べて求核剤との反応性に乏しい．しかし，電子吸引性の基が芳香環に導入されると芳香環の電子密度が下がり，求核置換反応を受ける．求核剤がハロゲンのついた炭素を攻撃し，アニオン中間体を形成する．次にハロゲンが脱離して芳香環が再生する．すなわち，求核付加-脱離機構で反応が進行する（式 (1.94)）．

$$\text{Ph-X} + \text{Nu:} \longrightarrow [\text{Ph}^{-}(\text{Nu})(\text{X})] \longrightarrow \text{Ph-Nu} + \text{X:} \quad (1.94)$$

代表的なエンジニアリングポリマーであるポリエーテルスルホンの例を示す（式 (1.95)）．

$$\text{Cl-C}_6\text{H}_4\text{-SO}_2\text{-C}_6\text{H}_4\text{-Cl} + \text{HO-R-OH} \xrightarrow[-\text{NaCl}]{\text{Na}_2\text{CO}_3} +\!\!\left(\text{C}_6\text{H}_4\text{-SO}_2\text{-C}_6\text{H}_4\text{-O-R-O}\right)\!\!\frac{}{n} \quad (1.95)$$

1.4 開環重合

　環状モノマーが開始剤により開環し，成長する重合反応である．一般式を示す（式 (1.96)）．

$$n \underset{X}{\bigcirc} \longrightarrow +\!\!\left(\underset{X}{\frown}\right)\!\!\frac{}{n} \quad (1.96)$$

重合の進行は環状モノマーと相当する線状ポリマーの相対的安定性，すなわち，熱力学要因によって決まる．熱力学要因としては，一般に環のひずみ，隣接原子につく置換基の反発があげられる．開環重合は成長種の種類によりアニオン，カチオン開環重合に分けられる．

a．環状エーテル（cyclic ether）

ⅰ）エポキシド： エチレンオキシドはアルカリ，アルカリ土類金属，アルコキシドなどの各種塩基開始剤によりアニオン重合をする．塩基性開始剤がエチレンオキシドを攻撃し，アルコキシアニオンを生成する（式 (1.97)）．このアルコキシアニオンがさらに，エチレンオキシドに攻撃し，この反応の繰り返しによりポリエチレンオキシドが生成する（式 (1.98)）．

$$\underset{O}{\triangle} + \text{M}^{+}\text{A}^{-} \longrightarrow \text{A-CH}_2\text{CH}_2\text{O}^{-}\text{M}^{+} \quad (1.97)$$

$$\text{A-CH}_2\text{CH}_2\text{O}^{-}\text{M}^{+} + \underset{O}{\triangle} \longrightarrow \text{A-CH}_2\text{CH}_2\text{O-CH}_2\text{CH}_2\text{O}^{-}\text{M}^{+} \quad (1.98)$$

　一方，プロトン酸，ルイス酸のカチオン性開始剤を用いるとカチオン重合する（式 (1.99)）．

$$\underset{O}{\triangle} + \text{H}^{+}\text{A}^{-} \longrightarrow \underset{{}^{+}\text{OH}}{\triangle}\ \text{A}^{-} \quad (1.99)$$

エチレンオキシドにカチオン性開始剤が付加し，二級のオキソニウムイオンを生成する．これにエチレンオキシドがさらに反応し，三級のオキソニウムイオンを

生成する（式 (1.100)）．

$$A^- + \overset{H}{\underset{O}{\triangle}} + \overset{}{\underset{O}{\triangle}} \longrightarrow HO\text{-}CH_2CH_2\text{-}HO^+\!\triangleleft \qquad (1.100)$$

この繰り返しによりポリマーが生成する．

ⅱ）オキセタン，テトラヒドロフラン（THF）： 4員環や5員環エーテルモノマーであるオキセタンやテトラヒドロフランは容易にカチオン重合し，エチレンオキシドと同様な機構で対応するポリマーを与える（式 (1.101), (1.102)）．

$$n\ \square_O \xrightarrow{H^+A^-} -\!(CH_2)_3\text{-}O\!\!\!-_n \qquad (1.101)$$

オキセタン

$$n\ \pentagon_O \xrightarrow{H^+A^-} -\!(CH_2)_4\text{-}O\!\!\!-_n \qquad (1.102)$$

テトラヒドロフラン

b．ラクトン　一般的にラクトン類はアニオン重合によりポリエステルを与える．4員環ラクトンである β-ラクトンは塩基性開始剤がラクトンの酸素原子の隣の炭素を攻撃し，カルボキシラートを与える（式 (1.103)）．

$$\square_{\!\!O}^{C=O} + M^+A^- \longrightarrow A\text{-}CH_2CH_2\text{-}\underset{O}{\overset{}{C}}O^- \qquad (1.103)$$

このカルボキシラートがさらに β-ラクトンを次々に攻撃することによりポリエステルが生成する．一方，5員環ラクトンは重合しないが，6員環ラクトンである δ-バレロラクトン，7員環ラクトン ε-カプロラクトンはラクトンのカルボニル炭素を塩基性開始剤が攻撃し，アルコキシドを生成する（式 (1.104)）．

$$\bigcirc_{\!\!O}^{C=O} + M^+A^- \longrightarrow A\text{-}\underset{O}{\overset{}{C}}\text{-}(CH_2)_5\text{-}O^- \qquad (1.104)$$

生成したアルコキシドがさらにモノマーへの攻撃を繰り返すことによりポリマーを生成する．

c．ラクタム　環状アミドであるラクタムはカチオン，アニオン，および加水分解重合によりポリアミドを与える．ε-カプロラクタムの加水分解重合では，まず，少量の水との反応により，ε-アミノカプロン酸が生成する（式 (1.105)）．生成した ε-アミノカプロン酸のアミノ基が ε-カプロラクタムのカルボニルを求核攻撃し，また末端にアミノ基をもつ開環付加体を生成する．この開環付加反応を繰り返すことによりナイロン6が生成する（式 (1.7)）．

$$\text{(cyclic lactam with C=O, NH)} + H_2O \longrightarrow H_2N\text{-}(CH_2)_5\text{-}\underset{O}{\overset{\|}{C}}\text{-}OH \tag{1.105}$$

1.5 重付加

塩基触媒存在下，イソシアナートはアルコールと容易に反応してウレタンを生成する（式 (1.106)）．

$$R\text{-}N\text{=}C\text{=}O + R'\text{-}OH \longrightarrow R\text{-}NH\text{-}\underset{O}{\overset{\|}{C}}\text{-}OR' \tag{1.106}$$

この反応では脱離成分はなく付加物を与えている．このような反応を付加反応という．この反応を二官能性モノマーに拡張すると付加反応によりポリマーが生成する．この重合反応は重付加と呼ばれる．ビニルモノマーの重合も付加反応であるが，連鎖的に重合が進行する．一方，重付加は逐次的に重合が進行する．この違いを明確に認識しよう．重付加反応は逐次重合であるので，動力学的取り扱いや分子量の調整の方法は縮合重合と本質的に同じである．

a. 累積二重結合への付加 イソシアナート基のように，各原子が二重結合でつながった結合を累積二重結合（cumulative double bond）と呼ぶ．この累積二重結合をもつ化合物として，イソシアナート，カルボジイミドなどがある．これらの化合物は中央の炭素原子は電気陰性度の大きな窒素や酸素にはさまれて電子不足になっているので，求核剤の攻撃を受けやすくなっている．したがって，アミン，アルコール，チオールなどの求核剤と反応して付加物を与える（式 (1.107)）．

$$\begin{aligned} R\text{-}N\text{=}C\text{=}O + R'\text{-}X\text{-}H &\longrightarrow R\text{-}NH\text{-}\underset{O}{\overset{\|}{C}}\text{-}X\text{-}R' \\ R\text{-}N\text{=}C\text{=}N\text{-}R + R'\text{-}X\text{-}H &\longrightarrow R\text{-}NH\text{-}\underset{X\text{-}R'}{\overset{\|}{C}}\text{=}N\text{-}R \\ & X: NH, O, S \end{aligned} \tag{1.107}$$

代表的なポリウレタン合成は式 (1.8) に示した．求核性モノマーをジオールからジアミンに変えるとポリ尿素が得られる（式 (1.108)）．

$$\underset{CH_3}{\text{O=C=N-}\bigcirc\text{-N=C=O}} + NH_2\text{-}R\text{-}NH_2 \longrightarrow \left(\underset{O}{\overset{\|}{N\text{-}C\text{-}N}}\text{-}\bigcirc\text{-}\underset{O}{\overset{\|}{N\text{-}C\text{-}N\text{-}R}}\right)_n \tag{1.108}$$

b. 二重結合への付加 α, β-不飽和カルボニル化合物はアミン，アルコー

ル、チオールなどの化合物と容易に反応して付加生成物を与える。この反応はMichael反応と呼ばれる（式(1.109)）。

$$CH_2=CH-\underset{O}{\underset{\|}{C}}-R + HX-R' \longrightarrow R'-X-CH_2CH_2-\underset{O}{\underset{\|}{C}}-R \quad (1.109)$$

Michael反応を利用した重付加反応として、熱硬化性ポリイミドがビスマレイミドとジアミンの重合により工業的に製造されている（式(1.110)）。

$$\text{(マレイミド)} + NH_2-R'-NH_2 \longrightarrow \text{(付加生成物)}_n \quad (1.110)$$

c. Diels-Alder反応 ジエン（diene）と親ジエン（dienophile, ジエノフィル）の環化付加反応でシクロヘキセン誘導体が生成する反応をDiels-Alder反応という。反応ではそれぞれ4個と2個のπ電子をもつジエンと親ジエンの環化付加反応なので[4+2]環化付加ともいう。例えば、1,3-ブタジエンとエチレンを気相で加熱するとシクロヘキセンが生成する（式(1.111)）。

$$\text{(ブタジエン)} + \| \longrightarrow [\text{遷移状態}] \longrightarrow \text{(シクロヘキセン)} \quad (1.111)$$

この反応を利用して各種ビスジエンとビスジエノフィルのDiels-Alder重合によりポリマーが合成されている（式(1.112)）。

$$\text{(ビスジエン)}-R- + \text{(ビスジエノフィル)}-R'- \longrightarrow \text{(ポリマー)}_n \quad (1.112)$$

1.6 付加縮合

熱硬化性樹脂のフェノール樹脂、尿素樹脂、メラミン樹脂などは付加-縮合反応を利用して製造されている。付加縮合反応を理解するために、フェノール樹脂の生成機構をみてみよう。この樹脂はプレポリマー（レゾールとノボラック）とプレポリマーの橋かけの2段階の反応で成り立っている。

a. レゾールの生成機構 フェノールに塩基を加えるとフェノラートができ、このアニオンではo, p位のπ電子密度が高い。そこで、ホルムアルデヒドと反応し、メチロール基が導入される（式(1.113)）。

$$\text{PhOH} + OH^- \xrightarrow{HCHO} \text{o-HOC}_6H_4CH_2OH + HO-C_6H_4-CH_2OH \quad (1.113)$$

モノメチロール化されたフェノールはベンゼン環のπ電子密度がさらに高くなり，ホルムアルデヒドと反応し，メチロール基を多くもつレゾールが生成する（式 (1.114)）．

$$\underset{m=1-3}{\text{OH-C}_6\text{H}_4\text{-(CH}_2\text{OH)}_m} \quad \underset{m=1-2}{m(\text{HOH}_2\text{C})\text{-C}_6\text{H}_3(\text{OH})\text{-CH}_2\text{-C}_6\text{H}_3(\text{OH})\text{-(CH}_2\text{OH)}_m} \quad (1.114)$$

レゾールを酸性にするか，加熱すると縮合反応が優先して起こり，橋かけポリマーを生成する．

b．ノボラックの生成機構　酸性条件下ではホルムアルデヒドのカルボニル酸素へのプロトン化が起こる．これが求電子剤として働き，フェノールへ求電子付加する．導入されたメチロール基は酸によりプロトン化され，続いて脱水によりカルボカチオンを生成し，フェノールと反応してメチレン結合を生成する．酸性条件下では縮合反応が付加反応に優先して起こる（式 (1.5)，(1.6)）．この付加-縮合反応が繰り返されるとノボラックが生成する（式 (1.115)）．

$$[\text{OH-C}_6\text{H}_4\text{-CH}_2]_n\text{-C}_6\text{H}_4(\text{OH})\text{-(CH}_2\text{OH)}_m \quad (1.115)$$

ノボラックにヘキサメチレンテトラミンのような橋かけ剤を加えて加熱すると橋かけ反応が促進され硬化する．

2
高分子の性質

2.1 高分子の分子量と分子量分布

　分子量は高分子の基本的な量であり，高分子の材料としての性質も分子量によって支配されることが多い．また，ある与えられた高分子化合物は，化学的に純粋でも，一般に分子量分布をもつ．すなわち，分子量の異なる同種高分子の混合物である．特別な場合を除き，分子量の均一な試料を分別によって得ることは困難である．そこで数平均分子量 $\bar{M}_n$，重量平均分子量 $\bar{M}_w$，z 平均分子量 $\bar{M}_z$ などの平均分子量が定義される．

　高分子中に分子量 M_i の分子が N 個存在するとき，数平均分子量 $\bar{M}_n$ は次式で定義される．

$$\bar{M}_n = \frac{\sum M_i N_i}{\sum N_i} \quad (2.1)$$

これは，分子の個数についての平均であり，末端基定量法や浸透圧法（付録参照）などを利用して求めることができる．数平均分子量は，高分子に含まれる低分子化合物の影響を敏感に受ける．

　高分子量化合物の平均分子量への寄与を重視した重量平均分子量 $\bar{M}_w$ は，重量分率による分子量の平均であり，次式で定義される．

$$\bar{M}_w = \frac{\sum M_i^2 N_i}{\sum M_i N_i} \quad (2.2)$$

重量平均分子量は光散乱法を利用して求められる．

　高分子量化合物の平均分子量への寄与をさらに重視した z 平均分子量 $\bar{M}_z$ は次式で定義される．

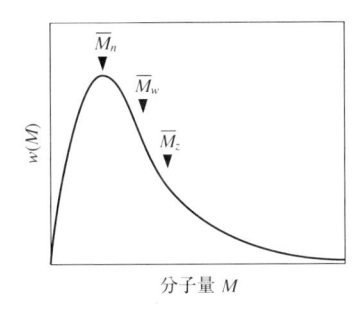

図2.1 分子量分布と平均分子量

$$\overline{M}_z = \frac{\sum M_i^3 N_i}{\sum M_i^2 N_i} \qquad (2.3)$$

また，$\overline{M}_n$，$\overline{M}_w$，$\overline{M}_z$ の順番に分子量の大きな分子の影響が強くなり，一般に $\overline{M}_n \leq \overline{M}_w \leq \overline{M}_z$ という関係がある．

　高分子の分子量に分布があるのは，高分子の生成あるいは分解の反応が一般に確率的に起こることに起因している．通常の高分子の分子量分布は図2.1に示したように，ある分子量で極大をもつ曲線で表される．通常，重量分布関数 $w(M)$ はゲル浸透クロマトグラフィー（GPC）のクロマトグラムから求めることができる（付録参照）．重量平均分子量 $\overline{M}_w$ と数平均分子量 $\overline{M}_n$ の比 $\overline{M}_w/\overline{M}_n$ は分子量分布指数と呼ばれ，分子量分布の広がりのめやすとなる．合成高分子では，この値は通常1から10程度の範囲にあり，この比が大きいものを多分散高分子と呼ぶ．これに対し，単一の分子量からなる場合は $\overline{M}_w/\overline{M}_n = 1$ であり，このような高分子を単分散であるという．

2.2　高分子鎖の分子構造

　個々の高分子の性質は，その分子構造，すなわち繰り返し単位の構造（化学構造）と，つながり方（幾何学的構造）によって決まる．1種類のモノマーから生成した高分子であっても，モノマーや重合反応の種類によってモノマー単位の結合様式が異なり，1本の高分子鎖中にさまざまな構造が存在するのも合成高分子の特徴の一つである．これら高分子の構造は，高分子化合物の高次構造に大きく影響し，その性質を決める大きな要因となる．

2.2.1 化 学 構 造

a．単一重合体　1種類の繰り返し単位 X から構成される高分子を単一重合体（homopolymer）と呼ぶ．縮合重合は，反応する官能基の組み合わせが決まっているので，一定の結合順序をもった高分子を生成する．しかしながら，ビニルモノマーのような二重結合について非対称なモノマーでは，付加の順序は図2.2に示す二通りがある．

通常，置換基との共鳴安定化ができるような成長末端ラジカルを生成する方向に結合するので，特にスチレンやメタクリル酸メチルでは頭-尾結合の高分子を生じる．これに対して非共役系の酢酸ビニルの高分子には2％程度の頭-頭結合と尾-尾結合が含まれることが知られている．

b．共重合体　2種類以上の繰り返し単位 X，Y，Z，…から構成される高分子を共重合体（copolymer）と呼ぶ．特に繰り返し単位の配列が不規則なものをランダム共重合体（random copolymer），2種類の繰り返し単位 X，Y が交互に配列した－X－Y－X－Y－X－Y－を交互共重合体（alternating copolymer），X，Y，…それぞれいくつか連続して現れるもの－$(X)_l$－$(Y)_m$－$(X)_n$－をブロック共重合体（block copolymer）という（図2.3）．

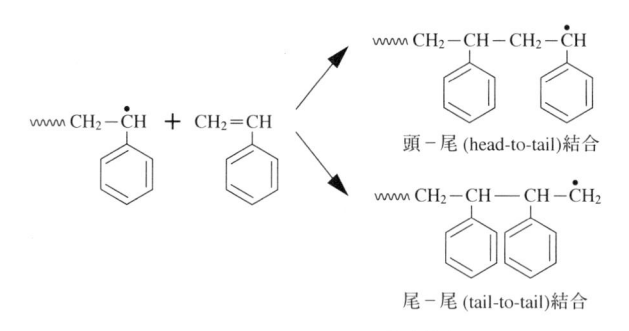

図 2.2　ビニルモノマーの結合様式

(a) ランダム共重合体　　○●○●●○○●●○●○○
(b) 交互共重合体　　○●○●○●○●○●○●●
(c) ブロック共重合体　　○○○○○○○●●●●●●●

図 2.3　共重合体の種類

2.2.2 幾何学的構造

a. 立体規則性　実際に重合して得られる高分子は，100％の規則性をもつことは少なく，いろいろな構造を含むものであり，その立体規則性（タクチシチー，tacticity）が問題となる．一置換あるいは二置換高分子―$(CH_2-C^{\alpha}RR')$―がすべて頭-尾結合でできているとすると，C^{α}は結合している残基がH，側鎖のR，および重合度や末端基の異なる二つの高分子であるため，不斉炭素となり立体構造の異なるいくつかの異性体が存在する．dまたはlの立体配置をとって主鎖に沿って配列している．この配列のしかたを高分子の立体規則性（stereoregularity）という．図2.4（R'=H）に示すように，主鎖C原子が同一平面上にある場合，置換基Rがその平面の同じ側にあるもの（$dddd\cdots$または$llll\cdots$，図2.4 (a)）と，交互に両側にあるもの（$dldl\cdots$，図2.4 (b)）との2種類の規則構造が存在する．前者をイソタクチック（isotactic），後者をシンジオタクチック（syndiotactic）という．さらに，両者が不規則に存在するアタクチック（atactic）構造（図2.4 (c)）が存在する．

いま図2.5に示すような立体配置の連なりからなる高分子について考えよう．モノマーユニット2個の連結についての立体規則性をダイアド（diad）といい，同じ立体配置の連続，すなわちddまたはllをメソダイアド（m），異なる立体配置の連続dlまたはldをラセモダイアド（r）と呼ぶ．モノマーユニット3個

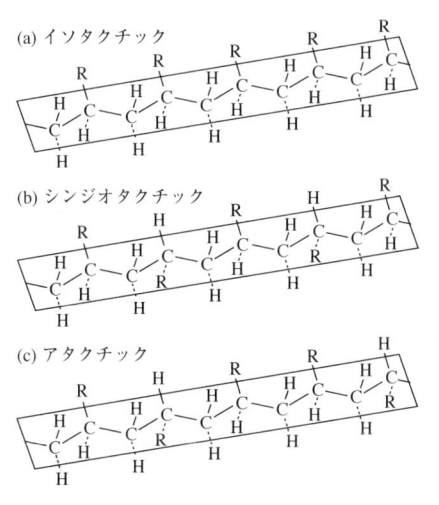

図2.4　高分子連鎖の立体規則性

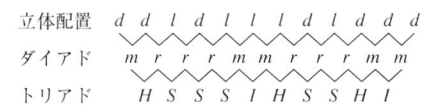

```
立体配置  d d l d l l l d l d d d
ダイアド    m r r r m m r r r m
トリアド    H S S S I H S S H I
```

図 2.5　高分子のタクチシチー

の連続についてのタクチシチーはトリアド（triad）で，これはダイアドの組み合わせと考えることができ，メソダイアドの連続 mm をイソタクチック（I），ラセモダイアドの連続 rr をシンジオタクチック（S），メソダイアドとラセモダイアドの連続 rm, mr をヘテロタクチック（H）という．

さて，このような高分子の立体構造はどのような過程で形成されるのであるか．ある現象が生じる場合，その前に起きた現象の影響を受けない場合と受ける場合がある．前者ではベルヌーイ統計，後者はマルコフ統計に従うという．多くの場合，重合反応が進行する過程で，末端の繰り返し単位だけが，次に結合するモノマー単位の立体配置に影響を与え，ダイアドの配列はベルヌーイ統計に従う．この場合，メソ付加の確率を P_m，ラセモ付加の確率を P_r とすると，ダイアドによる生成高分子中のメソダイアドの分率 m とラセモダイアドの分率 r は次式で与えられる．

$$m = P_m$$
$$r = P_r = 1 - P_m \tag{2.4}$$

トリアドによる分率 I, S, H はダイアドの繰り返しと考えれば式（2.5）で与えられる．

$$I = P_m^2$$
$$S = (1 - P_m)^2 \tag{2.5}$$
$$H = 1 - I - S = 2P_m(1 - P_m)$$

このようにベルヌーイ統計に従って成長する場合，立体配置の分率は式（2.4），（2.5）に示したように一つのパラメータ P_m または P_r で表すことができる．これをグラフで表すと図 2.6 のようになる．実際にさまざまな条件でメタクリル酸メチルのラジカル重合の結果をプロットすると理論曲線によく一致しており，この重合では末端基のみが立体配置に影響を与えていると考えることができる．$P_m > 0.5$ の場合が多いイオン重合や配位重合では曲線と測定値が一致せず，末端基に加えて前末端基の影響が重要であることを示している．

b．分枝高分子と環状高分子　　これまで述べてきた高分子は，すべて二つ

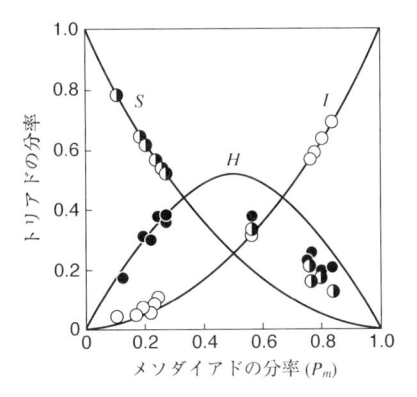

図 2.6 ダイアドとトリアドの関係
ポリメタクリル酸メチル，$P_m<0.5$ はラジカル重合，$P_m>0.5$ はアニオン重合によって得られた高分子．○イソタクチック，◐シンジオタクチック，●ヘテロタクチック．

(a)星型　　(b)櫛型　　(c)ランダム型　　(d)グラフト型　　(e)環状

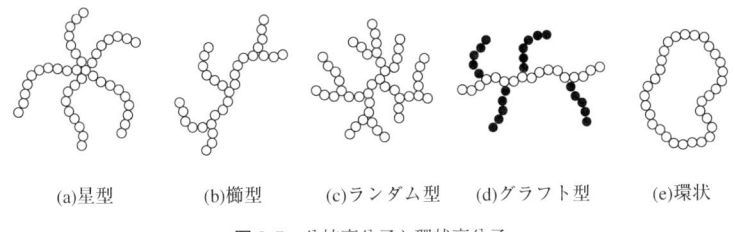

図 2.7 分枝高分子と環状高分子

の末端を有する線状高分子（linear polymer）であったが，合成あるいは天然高分子の中には，枝分かれした高分子（branched polymer）や線状高分子の両末端が結合した環状高分子（ring polymer）が存在する．図2.7に示すように，1点から3本またはそれ以上の枝がでた星型（star）（図2.7 (a)），主鎖の異なる点から1本ずつの枝がでた櫛（comb）型（図2.7 (b)），不規則に枝分かれしたものをランダム（random）型という．特に主鎖が$-(X)_l-$，枝が$-(Y)_m-$の櫛型をグラフト共重合体（graft copolymer）と呼ぶ．

2.3 高分子の結晶構造

高分子鎖は分子量が大きいために，その性質は低分子とは異なった特徴を示す．例えば，高分子も分子が配列することにより結晶化を起こすが，低分子物質

の結晶化に比べて一様性に欠ける．したがって，結晶性高分子（crystalline polymer）とはいっても結晶部分と非晶部分からなり，低分子物質のような完全結晶ではない．

2.3.1 結晶構造

高分子の結晶構造は化学構造によって支配され，多くの高分子について結晶構造が，X線回折をはじめとするいくつかの測定手法を用いて明らかにされている．以下に，代表的な例としてポリエチレンとポリアミドについて説明する．

a．ポリエチレン　図2.8にポリエチレンの結晶構造を示す．a軸が7.40Å，b軸が4.93Å，c軸が2.53Åの斜方晶である．分子鎖はc軸方向を向いている．単位胞内には，分子鎖は2本入っており，4個のCH_2単位が含まれる．

b．ポリアミド　脂肪族ポリアミドは平面ジグザグ分子鎖がNH⋯O=C水素結合で結ばれたシートを作る．ナイロン66は分子鎖中に対称中心があり，分子鎖に方向性はない（図2.9）．ナイロン6分子は，鎖に方向性があり，全トランス構造の分子鎖が伸び切った構造をもつα型（逆平行）のほかに，繊維周期がやや短縮したγ型（平行）が存在する．これらは，面内の分子間水素結合の密度が異なる（図2.10）．

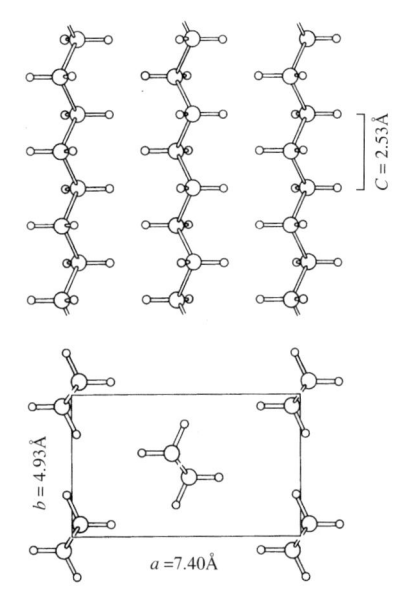

図2.8　ポリエチレンの結晶構造
大円は炭素原子，小円は水素原子の位置を示す．
（文献1），p.112より）

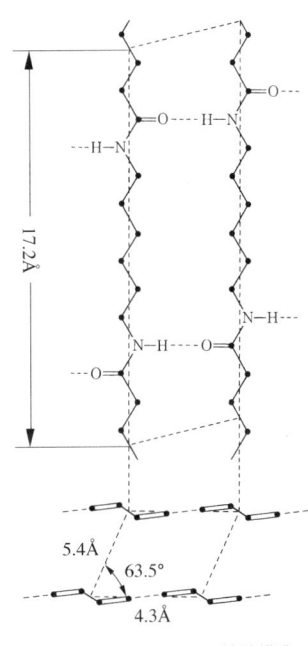

図 2.9 ナイロン 66 の結晶構造
（文献 2），p. 160 より）

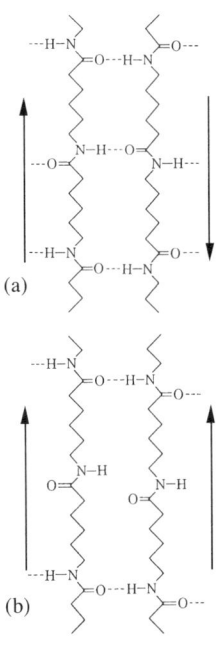

図 2.10 ナイロン 6 の
水素結合
(a) α 型，逆平行，
(b) γ 型，平行．
（文献 2），p. 160 より）

2.3.2 結晶性高分子の高次構造

　結晶性高分子の特徴は，不完全な結晶性の固体で，結晶部分と非晶部分から構成されており，その中に高分子鎖がさまざまな形態をとって凝集していることである．高分子固体中で結晶部分の占める割合は結晶化度（crystallinity）と呼ばれ，結晶性高分子を特徴づける重要な量となる．高分子においても結晶部分を局所的にみれば，規則的な結晶格子を組んでおり，その結晶構造が決められている．しかしこの構造は，高分子の部分鎖により構成されているもので，分子一つ一つが分子全体として特定な形態をとり，それらが規則的に配列しているものではない．したがって，結晶構造は同じであっても，1 本の高分子鎖がどのような形態をとり，どのような高次構造をとるかには無数の可能性がある．そこで以下に，高分子の結晶形態（morphology）の代表的ないくつかの例を紹介する．

　a．折りたたみ鎖結晶　　比較的分岐の少ないポリエチレンの 0.01 ％程度の

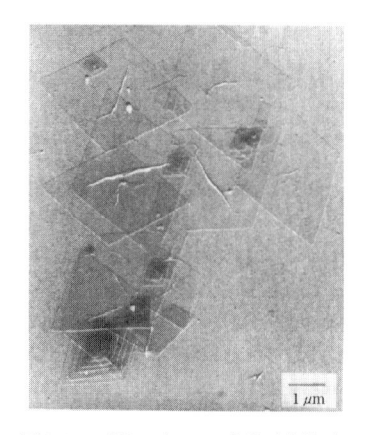

図 2.11 ポリエチレンの結晶（文献 2），p. 161 より）

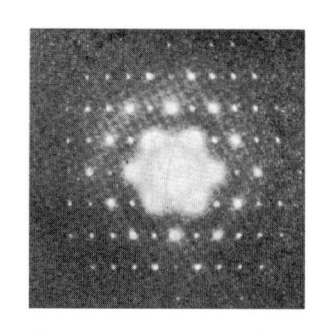

図 2.12 ポリエチレン単結晶の電子線回折像（文献 1），p. 111 より）

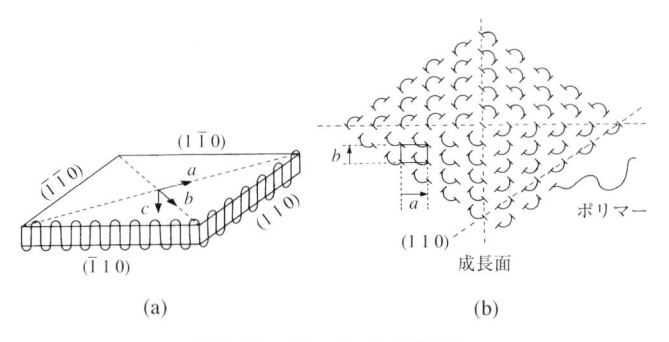

図 2.13 ポリエチレンの単結晶
(a) 単位胞との関係，(b) 折りたたみの配列様式．
（文献 2），p. 162 より）

希薄キシレン溶液を 80°C で数日間放置し，徐々に冷却すると白濁した溶液を得る．これを電子顕微鏡で観察すると，図 2.11 に示すような一辺約数 μm，厚さ約 100 Å の薄板状の単結晶（ラメラ晶）がみえる．単結晶の板面に垂直に電子線を入射して得られる回折像（図 2.12）から，単結晶の菱形の長軸が a 軸，短軸が b 軸，厚さ方向が c 軸に対応することがわかっている．

折りたたみ構造については，(1 1 0) 面に沿ってきれいに折りたたまれる様式（規則的折りたたみモデル，図 2.13），折りたたみ部分が長くラメラ面にランダムに出入りする様式（スイッチボードモデル）などが考えられている．

図 2.14 ポリエチレンの伸び切り鎖結晶の破断面のレプリカ透過電子顕微鏡写真（文献 3），p. 157 より）

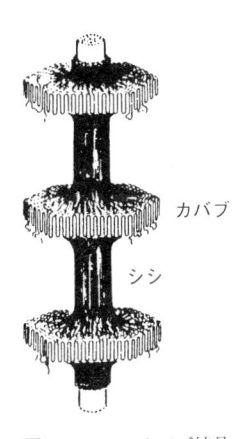

図 2.15 シシカバブ結晶の構造モデル
(Hill, M. J., Barham, P. J., Keller, A.: *Colloid Polym. Sci.*, **258**, 1030, 1980)

b．伸び切り鎖結晶　常圧下での結晶化は前述の折りたたみ鎖ができるが，ポリエチレンを高圧下，あるいはずり流動下で結晶化させると，分子鎖が伸び切った伸び切り結晶が得られる．図 2.14 の電子顕微鏡写真に示すように，折りたたみ鎖とは異なり，分子鎖方向に 1 μm 程度の大きさをもつ伸び切り鎖結晶が観測される．

伸び切り鎖結晶は，高速撹拌下での結晶によっても得られる．これはシシカバブ結晶と呼ばれ，櫛の核部分（シシ）が伸び切り鎖結晶，肉の部分（カバブ）が折りたたみ鎖から構成されている（図 2.15）．

c．球晶　一つの結晶核を中心として球対称の成長様式で成長した結晶組織を球晶と呼ぶ．高分子の溶融体もしくは濃厚溶液から結晶化させたときに現れ，球晶の直径は数 μm から数 mm に及ぶ．偏光顕微鏡を用いて直交偏光子の間にはさんで観測すると明暗の十字線（Maltese cross）がみえるところから複屈折性であることがわかる（図 2.16）．ポリエチレンでは，b 軸は常に半径方向を向き，a 軸，c 軸が半径軸のまわりを回転していることが，X 線回折より明らかになった．したがって，球晶組織の構造は，球晶の中心から半径方向へ板状の折りたたみ鎖結晶が同じ周期でねじれながら放射状に成長して，全体的に球状になった結晶組織である（図 2.17）．

図 2.16 ポリエチレン球晶の偏光顕微鏡写真
（文献 2），p. 163 より）

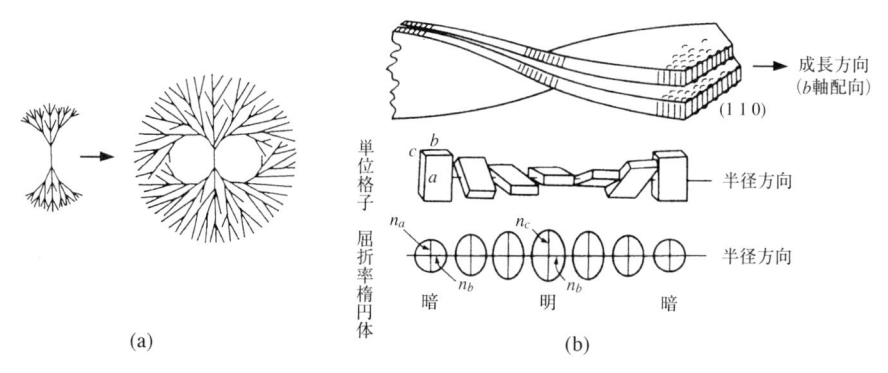

図 2.17 球晶の微細構造
(a) 成長の模式図，(b) ラメラ晶のねじれに伴う単位格子の配向と屈折率楕円体の変化（文献 2），p. 164 より）

2.4 レオロジーと力学的性質

2.4.1 完全弾性体と完全流体

　高分子は結晶・ガラス状態・ゴム状態・溶融体・準濃厚溶液・希薄溶液などさまざまな状態を形成しうる物質である．これらの物質状態は，さまざまな物性に顕著に反映されることが知られている．なかでも高分子物質の力学的性質は，われわれが触感によって直接的に認識することができる物理量である．工業的にも高分子物質の力学的性質は大きな意味をもつため，生産現場における製品の管理や開発にとっても非常に重要である．ここでは，高分子の力学的性質を理解するうえで重要ないくつかの基礎的な事項に関して記述することにする．

2.4 レオロジーと力学的性質

理想気体の性質を調べることによって熱力学や気体の分子運動論が大きく進展したように，理想化されたモデルは基礎科学の発展において重要な位置を占める．変形体の力学においては，完全弾性体とニュートン流体が理想化されたモデルに対応する[1]．

a．完全弾性体　応力が作用しているもとでは物体は変形する．ここで，応力と歪みの時間的な関係が問題となる．結晶のような物体であっても，刺激と応答の間にわずかではあるが時間的な遅れ（弾性余効）が現れる．このような弾性余効がまったくない理想的な弾性体を考え，これを完全弾性体と呼ぶ．したがって，完全弾性体では，図2.18（b）に示したように，応力が作用した瞬間に歪みが現れ，応力を取り去った瞬間に歪みが消滅し，物体は応力が作用していない状態に戻ると考える．

応力がある限界をこえると，物体は破壊したり流動したりするため，応力を取り去ってももとの状態には戻らない．この限界を弾性限界と呼ぶ．完全弾性体であっても，一般に応力と歪みの間の関係は複雑である．しかしながら，応力が十分小さいという条件下では，応力と歪みの間に比例関係が成り立つと考えてよい．応力と歪みが比例するという現象は，1660年にHookeが実験的に見出した事実であり，フックの法則と呼ばれる．いま応力をP，歪みをεと表すことにするとフックの法則は次式によって表される．

$$P = \gamma \varepsilon \tag{2.6}$$

ここで応力と歪みの間の比例定数γを弾性率と呼ぶ．そうすると，弾性率は物

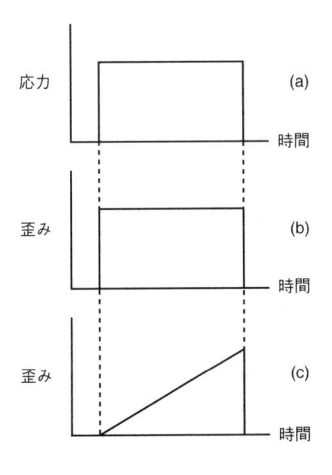

図2.18 完全弾性体とニュートン流体の力学的応答 ステップ的な応力（a）に対する完全弾性体（b）とニュートン流体（c）の応答．完全弾性体では矩形の高さが歪みの大きさを与え，ニュートン流体では，直線の傾きが歪み速度の大きさを与える．

体に単位の歪みを生じさせるために必要な応力という意味を有する．

　応力の作用する形式によって，物体はさまざまに変形する．静水圧のように物体の面に垂直に物体を押す方向に応力が作用すると，物体は圧縮される．このときの圧力と体積歪みを関係づける弾性率を体積弾性率と呼ぶ．同様に，物体の伸張やずり変形に対しては，引張り応力と伸び歪み，ならびにずり応力とずり歪みを関係づけるヤング率や剛性率が定義される．また，棒状の物体を伸張すると，通常，棒の断面積は無応力の状態より小さくなる．このときの伸張歪みとこれに垂直方向の収縮歪みの比をポアソン比と呼ぶ．これら四つの弾性率は実用弾性率と呼ばれる．

　実用弾性率は等方性物体を対象とするものである．変形体の力学によると，等方性物体の弾性的性質は二つの独立な弾性係数（ラメの定数 λ, μ）によって表されることを示すことができる．したがって，四つの実用弾性率のうち二つの弾性率が独立に測定されれば，残りの二つはそれらより計算によって導出することが可能である．

b．ニュートン流体　ビーカーに入れた液体を一定の方向へと撹拌すると液体には巨視的なスケールにおける回転運動が起こる．液体のこのような運動を流動と呼ぶ．撹拌を止めて放置すると，流動していた液体はいずれは静止する．このような現象は液体のみならず気体を含む一般の流体においても生ずる．このことは，流体内部で流動を妨げる摩擦力が働いていることを意味する．このような，流体の巨視的な流動に対する内部摩擦を粘性と呼ぶ．もちろん，静止している液体であっても分子レベルでは激しい運動を起こしていることがわかっている．しかし，静止状態においては流体分子の運動の方向がランダムであるため，巨視的な流動は生じない．したがって，液体が巨視的に流動しているときには，分子の熱運動によるランダムな運動に外部から加えた応力による一定方向への流動が重畳されていることになる．そうすると，粘性とは分子間の相互作用によって流動を消滅させ，もとのランダムな運動状態へと移行させる作用であるということができる．

　流体に応力を作用させると一定の速度で流動する．例えば，水飴をスプーンですくい取り，スプーンを傾けると重力の作用で水飴はゆっくりとスプーンから流れ落ちる．このとき，水飴は時々刻々その形を変えてゆくことが観察できる．つまり，流体であっても外力が作用するときには変形が生ずることを示している．

しかし，流体の変形は外力が作用している限り続くという点が弾性体とは大きく異なる．また，外力を取り去ると流体の変形は直ちに止まる．この様子を模式的に示したのが図 2.18 (c) である．そうすると，ある一定の応力 P を作用させたときに，流体に生ずる単位時間当たりの歪み量，歪み速度（$d\varepsilon/dt$）が流動のしやすさに対するめやすを与えることになる．実際に，水，アセトン，グリセリンなどの低分子液体や気体では応力と歪み速度の間に比例関係が成り立つことが知られている．

$$P = \eta \frac{d\varepsilon}{dt} \tag{2.7}$$

この関係式は，1687 年に Newton が通常の液体に対して要請したものである．このような法則に従う流体をニュートン流体と呼び，この式の比例係数を粘性率と呼ぶ．弾性率がそうであったように，粘性率に対しても応力の作用のしかたによって，ずり粘性率，伸び粘性率，体積粘性率などがある．

2.4.2 力学モデルと静的粘弾性

通常，われわれの身のまわりにある物体の力学的な性質は，上述したような完全弾性体ともニュートン流体とも異なっている．金属や結晶は弾性限界の範囲内であれば，かなり完全弾性体に近い力学的性質を示す．また，低分子液体や気体の流動もニュートン流体で近似しても問題がない．しかし，多くのコロイド分散系・高分子物質・生体物質などはこれらの理想的な弾性体や流体とは著しく異なった力学的性質を示すことが知られている．例えば，卵白は液体にみえるが明らかな弾性を示す．また，包装用のポリエチレンの袋などは明らかに固体であるが，重いものを入れてつり下げておくとゆっくりと伸びることがわかる．これらの物質は固体的な性質である弾性と，液体的な性質である粘性流動をあわせもつ粘弾性体であるということができる．このような物質の変形と流動に関する性質を研究する学問をレオロジーと呼ぶ．レオロジーでは物体に与える応力・歪み・歪み速度の三者を同時に考えなければならない．これが弾性体の力学とは異なる点である．高分子の力学的性質（以後簡単のため粘弾性と呼ぶ）は，試料物質によって大きく異なるため，モデル的に理解することは非常に重要である．高分子物質の力学的性質は，卵白のように液体に近いものからポリエチレンのように固体に近いものまでさまざまなものがあるため，ただ一つのモデルで幅広い性質を記述することは不可能である．ここでは，理想的な弾性体と理想的な粘性体を用

いた二つの基礎的な力学モデルについて述べることにする．粘弾性物質の弾性的性質を担う力学モデルとしては，フックの法則に従うばねを用いる．これに対して，粘性的性質を表す力学モデルとしてはニュートンの法則に従う粘性の高い液体が入ったシリンダーとピストン（ダッシュポットと呼ぶ）を考えることにする．これらを，力学要素と呼ぶ．おのおのの力学要素はそれぞれ式 (2.6)，式 (2.7) に従うものと仮定する．これらの力学要素を組み合わせて作ることができる最も簡単な力学モデルには2種類のものが考えられる．

a. 液体的粘弾性モデル（直列モデル・マックスウエルモデル） 第一のモデルは図 2.19 (a) に示したような，二つの力学要素を直列につないだものである．

この力学モデルの両端を伸張し時間的に一定の歪みを与え続けるとどうなるであろうか．ばねの部分は完全弾性体であるため，歪みが与えられた瞬間に伸長するであろう．これに対してダッシュポットの部分は液体の高い粘性のため瞬間的には応答できない．しかしながら，時間が経過するにつれてばねがダッシュポットに流れを生じさせるため，これによりばねの伸びが緩和してゆく．無限時間経過すると，ばねの伸びは完全に緩和する．したがって，流れも消失し平衡状態となる．この過程においては，力学モデルに一定歪みを与えるに必要な応力は徐々に減少することになる．このような現象を応力緩和と呼ぶ．応力緩和の過程では，系に与えられた歪みによりばねが弾性エネルギーを蓄える．これと同時に，

$P = \gamma \varepsilon$

$P = \eta \dfrac{d\varepsilon}{dt}$

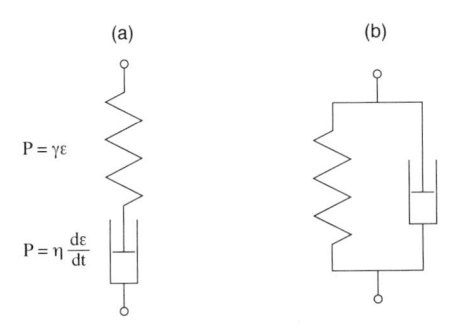

図 2.19 マックスウエルモデル (a) とフォークトモデル (b)
実際にはダッシュポットの中に高粘性ニュートン流体を入れなければならないが，モデルとして表すときには通常はこれを省いてこの図のように描く．

ダッシュポットには流動が生じるため，この弾性エネルギーを散逸する．つまり，応力緩和現象では力学エネルギーの貯蔵と散逸が同時に進行していることになる．

マックスウェルモデルの各力学要素の力学的応答は式（2.6），（2.7）で表されると仮定するから基礎方程式を作ることができる．要素の直列結合の場合には以下の条件が成り立つ．

(1) 各要素の歪みは一般的には異なる．
(2) 各要素は等しい応力を受ける．
(3) 全体の歪み量は既知である．

したがって，以下の関係式が成り立つ．

$$\frac{d\varepsilon_1}{dt} = \frac{1}{\gamma}\frac{dP}{dt} \quad (ばね) \tag{2.8a}$$

$$\frac{d\varepsilon_2}{dt} = \frac{1}{\eta}P \quad (ダッシュポット) \tag{2.8b}$$

$$\frac{d\varepsilon_1}{dt} + \frac{d\varepsilon_2}{dt} = \frac{d\varepsilon}{dt} = \frac{1}{\gamma}\frac{dP}{dt} + \frac{1}{\eta}P \tag{2.8c}$$

式（2.8c）はモデル全体の歪みの時間変化と応力の関係を与える．この式をマックスウェルモデルの基礎方程式と呼ぶ．この式を与えられた条件のもとに解くことになる．

ⅰ）一定歪み（$\varepsilon =$ constant または $d\varepsilon/dt = 0$，応力緩和）：この場合には次式が成り立つ．

$$\frac{1}{\gamma}\frac{dP}{dt} + \frac{1}{\eta}P = 0$$

この式は積分できるので，

$$P(t) = P_0 \exp\left(-\frac{t}{\tau}\right) \tag{2.9}$$

ただし，$t=0$ で $P=P_0$，$\tau = \eta/\gamma$ とした．

この関数を図 2.20 に示した．マックスウェルモデルに一定の歪みを与える場合には，その応力は指数関数的に減少する．このときの時定数を緩和時間と呼ぶ．緩和時間は粘性率と弾性率の比で表される．また，式（2.9）の両辺を歪み ε で割ったものを緩和弾性率と呼ぶ．

ⅱ）一定応力（$P =$ constant または $dP/dt = 0$）：この場合には次式とな

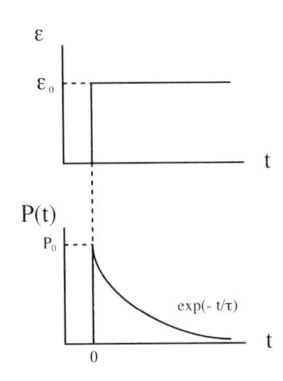

図 2.20 マックスウエルモデル
の応力緩和曲線
応力は指数関数的に減少し，無限時間後にゼロとなる．この性質から，マックスウエルモデルは液体的粘弾性モデルといわれる．

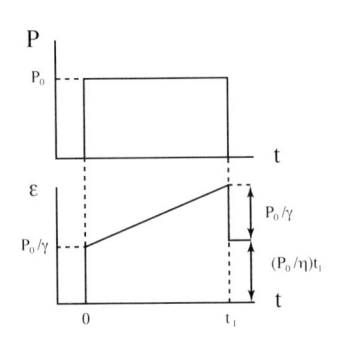

図 2.21 一定の応力に対するマックスウエルモデルの応答
応力を取り去ってもダッシュポットの流動に起因する歪みが残る．

り，ニュートンの法則にほかならない．

$$\frac{d\varepsilon}{dt} = \frac{1}{\eta} P \tag{2.10}$$

 iii) 急激な変化（$t \ll \tau$，あるいは短時間の観測）： 基礎方程式を次のように書き換えておく．

$$\gamma \frac{d\varepsilon}{dt} = \frac{dP}{dt} + \frac{P}{\tau} \tag{2.11}$$

そうすると，急激な変化の条件は $dP/dt \gg P/\tau$ ということができる．この条件は，緩和時間より十分短い時間の間に歪みが与えられた場合や，非常に長い緩和時間を有する系の力学的応答に対応する．このとき，

$$\gamma \frac{d\varepsilon}{dt} \cong \frac{dP}{dt} \quad \text{または} \quad P \cong \gamma \varepsilon \tag{2.12}$$

と考えてよいが，これはフックの法則にほかならない．

 iv) 緩慢な変化（$dP/dt \ll P/\tau$）： この場合には式 (2.11) で dP/dt を無視することができるので，再びニュートンの法則を得る．

 これらの結果から，マックスウエルモデルに瞬間的に一定の応力を与え，一定の時間の後応力を取り去る場合の振る舞いがわかる．図 2.21 に示したように，

応力を与えた瞬間にばねの部分が応答し，それに引き続いてダッシュポットにニュートン流動が起こる．応力をかけ続ければ，いつまでも流動する．応力を取り去った瞬間に，ばねの変形に対応する初めの歪みと等しい量だけ縮むが，ダッシュポットの流動のため回復しない歪みが残る．マックスウエルモデルは急激な変形に対しては固体的，緩慢な変形に対しては液体的な振る舞いを示す．また，歪みを一定とすれば応力緩和が観察される．このようなことから，マックスウエルモデルは液体的粘弾性モデルとも呼ばれる．

b．固体的粘弾性モデル（並列モデル・フォークトモデル） マックスウエルモデルに対して，図 2.19 (b) に示したように要素を並列に結合した力学モデルをフォークトモデルと呼ぶ．このモデルはばねが並列に結合しているため，応力を与えても流れ続けることはない．したがって，このモデルは固体的粘弾性のモデルとなる．要素が並列に結合している場合には以下の条件が満たされる．

(1) 各要素の歪みは等しい．
(2) 各要素の応力は一般的には異なる．
(3) 全体の応力は既知である．

したがって，以下の関係式が成り立つ．

$$P_1 = \gamma \varepsilon \tag{2.13 a}$$

$$P_2 = \eta \frac{d\varepsilon}{dt} \tag{2.13 b}$$

$$P_1 + P_2 = \gamma \varepsilon + \eta \frac{d\varepsilon}{dt} \tag{2.13 c}$$

式 (2.13 c) がフォークトモデルの基礎方程式となる．この方程式は一次線型微分方程式であるから常法により解くことができる．得られる一般解は以下のようになる．

$$\varepsilon(t) = \exp\left(-\frac{t}{\tau}\right)\left\{\frac{1}{\eta}\int P \exp\left(-\frac{t}{\tau}\right)dt + \varepsilon_0\right\} \tag{2.14}$$

積分は時刻ゼロから t まで行う．また，ε_0 は残留歪みと呼ばれ，時刻ゼロで系に残っている歪みを表す．

マックスウエルモデルと同様に $\tau = \eta/\gamma$ とした．いま，図 2.22 (a) に示したようなステップ的な応力が与えられた場合について上の式を計算すると以下のようになる．

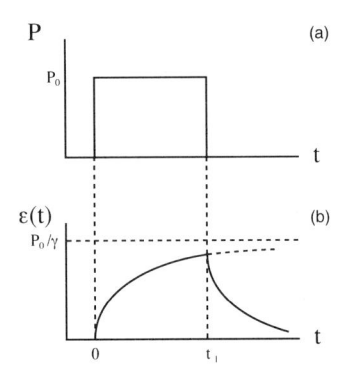

図 2.22 一定の応力に対するフォークトモデルの応答

歪みは徐々に現れる．また，応力を取り去った場合にも歪みは直ちに消失するわけではない．しかし，マックスウエルモデルのように，いつまでも流動が続くわけではないので，このモデルは固体的粘弾性モデルといわれる．

$$\varepsilon(t) = \left(\frac{P}{\gamma}\right)\left\{1 - \exp\left(-\frac{t}{\tau}\right)\right\} + \varepsilon_0 \exp\left(-\frac{t}{\tau}\right) \tag{2.15}$$

時刻ゼロにおける残留歪み ε_0 をゼロとすると

$$\varepsilon(t) = \left(\frac{P}{\gamma}\right)\left\{1 - \exp\left(-\frac{t}{\tau}\right)\right\} \tag{2.16}$$

また，時刻 t_1 において応力がゼロとなるから，このときの歪みを新たに ε_0 として $P=0$ とすれば次式を得る．

$$\varepsilon(t) = \varepsilon_0 \exp\left(-\frac{t}{\tau}\right) \tag{2.17}$$

ただし，t_1 を新たに時刻ゼロとした．これらの関数を図 2.22 (b) に示した．式 (2.16) から，フォークトモデルでは歪みは時間とともに徐々に増加すること，ならびに時刻無限大においてフックの法則が成り立つことがわかる．このことが固体的粘弾性モデルと呼ばれる理由である．応力を取り去ったときには，ばねは伸ばされたままなので縮もうとする．しかし，並列に結合されているダッシュポットの大きな制動力が瞬時に縮むことを妨げる．その結果，歪みは徐々に消失することになる．歪みが応力より遅れて現れてくる現象を遅延弾性（creep），歪み

が消失する過程は弾性余効（creep recovery）と呼ぶ．また，このときの特性時間は遅延時間と呼ばれる．遅延弾性は金属などでも観察される現象である．

　これらの力学モデルは高分子物質が示す力学的性質のある側面を端的に表すものである．しかしながら，一般の高分子固体・高分子液体・高分子溶液などの力学的性質がこれらの二要素モデルのいずれかで表されることは非常にまれである．高分子物質の特徴でもある分子量分布や測定以前の熱履歴あるいは結晶化度などによって，同一の物質であっても力学物性は異なるのが普通である．このような構造的な要因は緩和時間あるいは遅延時間に影響を及ぼす．純粋に力学モデルの立場に立つならば，弾性率や粘性率の異なるさまざまな要素を用意し，これを直列あるいは並列に結合した複雑な力学模型を用いることにより，実験結果をうまく記述するモデルを作ることが可能である．しかしこのような解析方法は，必ずしも緩和現象や遅延弾性の分子論的なメカニズムに対する知見を与えるわけではない．実際の研究では緩和時間や遅延時間の分布の様相，すなわち緩和スペクトルを実験結果から求め，解析を進めることが有効な方法である．詳細は参考文献をみていただきたい．

　ここでは静的粘弾性についてのみ述べたが，静的粘弾性の実験は長時間にわたる測定になるのが普通である．このため，力学的あるいは熱的外乱の影響を受けやすい．装置の除振や試料まわりの温度コントロールなどに細心の注意をはらわなければならない．これに対して，応力や歪みを周期的に与える動的粘弾性の測定は，静的測定に比べてある程度は利点があると思われる．この場合には周期的な応力や歪みを与え，系の線型性を仮定して基礎方程式を解けばよい．この場合には，複素弾性率や複素コンプライアンスが測定されることになる．複素弾性率の実数部は貯蔵弾性率，虚数部は損失弾性率と呼ばれる．また，最近ではパルス的な応力や歪みを与え，その後の自由減衰をフーリエ変換することにより力学物性を測定するパルス-フーリエ変換型の粘弾性測定装置もある[9]．このような方法は変性の影響を受けやすい生体物質に対してはきわめて有効な方法であると考えられる．

3
高性能高分子材料

　高性能高分子材料とは，一般に，過酷な環境や用途に耐えられる有機高分子を主とする軽量な材料をいう．

　この高性能高分子材料によって，これまで金属など無機材料が用いられていた構造体などの一部が置き換えられ，省エネルギーに役立ったり，快適で安全な生活にいかされている．このような実用上の応用は，複数の科学や技術の融合である．ここでは機械的強度や弾性率，耐熱性などの物性の面と化学的な高分子の分子設計と材料設計との関係を考えてみよう．

　特に，主として固体として用いられる材料の設計のうえでは，高分子の分子設計を孤立した分子だけで考えるのではなく，高分子集合体として高次の構造形成や高分子間の相互作用，混合物の組織としてとらえることが高い性能の発現のためには重要である．

3.1　エンジニアリングプラスチック

3.1.1　エンジニアリングプラスチックとは

　エンジニアリングプラスチックとは高性能高分子材料として市場に出ているいくつかの製品群の総称であり，エンプラと略されて呼ばれることが多い．工学材料であるエンジニアリングマテリアルに対応する分類であるが，広い意味でエンジニアリングプラスチックが高性能高分子材料一般のことをさして用いられる場合もある．もともと汎用プラスチックでは不可能であった機械的強度や耐熱性が必要な自動車部品や電子部品などに用いることができる材料として製品化され，これらがエンジニアリングプラスチックと呼ばれることになった．エンジニアリングプラスチックの中でも150〜200°C以上の耐熱性を有するエンジニアリングプラスチックをまた別にスーパーエンプラと呼ぶことがある．

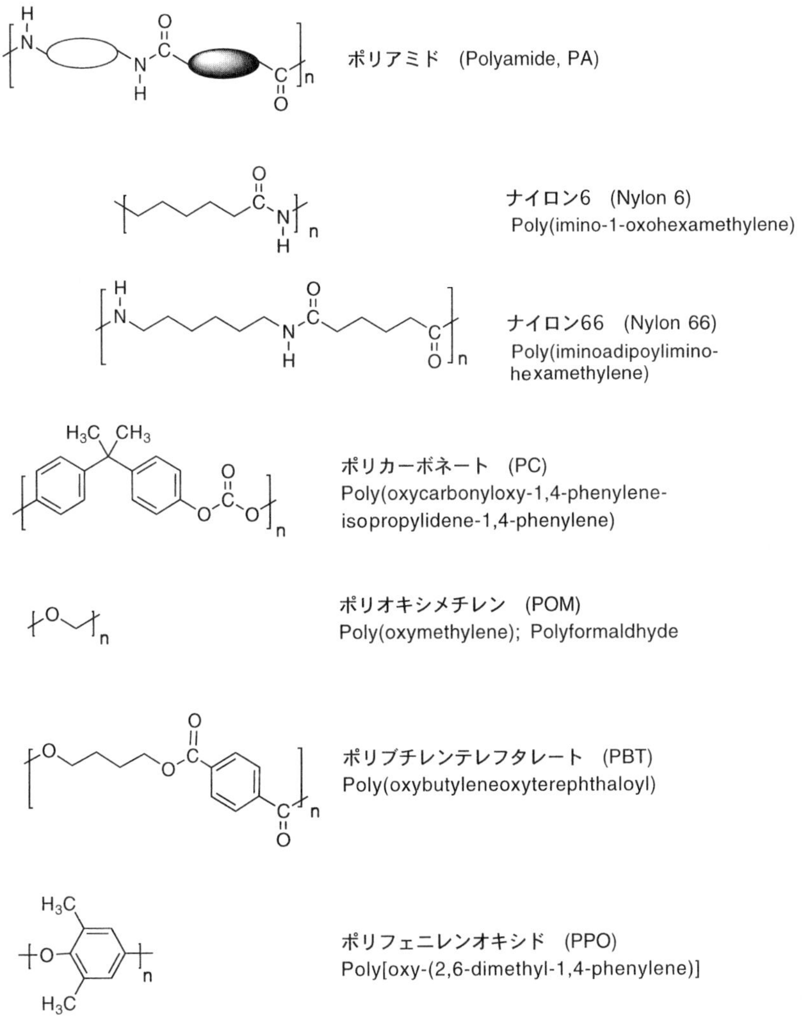

3.1 エンジニアリングプラスチック

ポリアミド (Polyamide, PA)

ナイロン6 (Nylon 6)
Poly(imino-1-oxohexamethylene)

ナイロン66 (Nylon 66)
Poly(iminoadipoyliminohexamethylene)

ポリカーボネート (PC)
Poly(oxycarbonyloxy-1,4-phenylene-isopropylidene-1,4-phenylene)

ポリオキシメチレン (POM)
Poly(oxymethylene); Polyformaldhyde

ポリブチレンテレフタレート (PBT)
Poly(oxybutyleneoxyterephthaloyl)

ポリフェニレンオキシド (PPO)
Poly[oxy-(2,6-dimethyl-1,4-phenylene)]

図 3.1 汎用エンジニアリングプラスチック

エンジニアリングプラスチックとして，一般的なものとしてはポリアミド（PA），ポリカーボネート（PC），ポリオキシメチレン（POM），ポリブチレンテレフタレート（PBT），変性ポリフェニレンオキシド（m-PPO）がある．

これらの汎用エンジニアリングプラスチックは，図 3.1 に示す化学構造をもつ高分子を主成分として身近なところで広く役立っている．

ポリカーボネートなど

ポリアミドなど

ポリブチレンテレフタレートなど

ポリオキシメチレンなど

ポリフェニレンオキシドなど

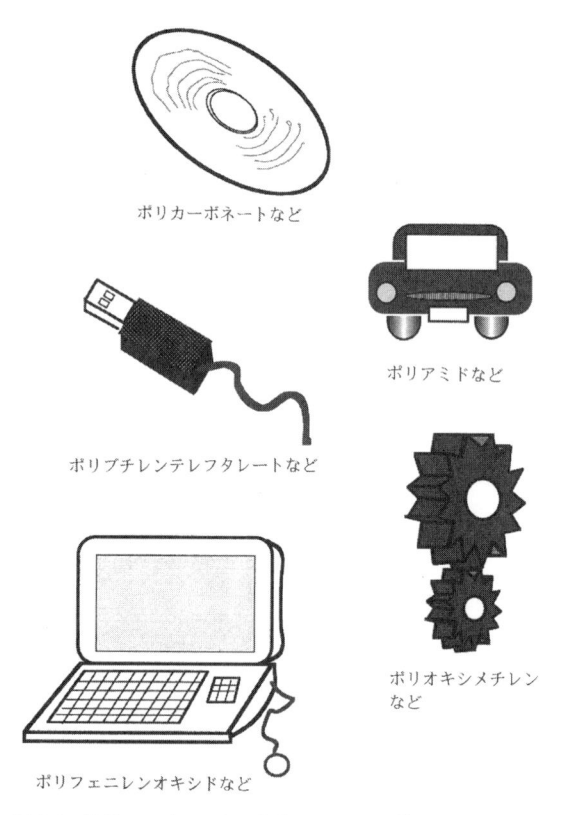

図 3.2　汎用エンジニアリングプラスチックの使われているもの

汎用エンジニアリングプラスチックの応用例をみていこう．

ポリアミドではナイロン 6 やナイロン 66 が代表的な高分子である．繊維やエンジンルームの部品などに多く用いられている．ポリカーボネート樹脂として広く用いられているのは図 3.2 にあるような 4,4′-イソプロピリデンジフェニル (4,4′-isopropylidenediphenylene)（ビスフェノール A 骨格）をもつものである．ポリカーボネート樹脂はコンパクトディスクや光学機器用の部品などに用いられる．ポリオキシメチレンはポリアセタールとも呼ばれ，ギアなどの摺動部に用いられる．ペットボトルに使われるポリエチレンテレフタレート（PET）と類似の化学構造をもつポリブチレンテレフタレートはコネクターやソケットなどの電子部品によく用いられる．

変性ポリフェニレンオキシド樹脂はポリフェニレンオキシド（PPO）とポリ

スチレン（PS）との相溶混合物であるポリマーアロイ（polymer alloy）である．家電やOA機器などのハウジング（外形を覆う部品）などに使われている．ポリマー同士の複合材料の形態であるポリマーアロイについては次節で学ぶ．

3.1.2　エンジニアリングプラスチックの基本条件

外部からの力や過酷な環境に対して形の変化が小さいことがエンジニアリングプラスチックとして応用される基本的な条件である．基本的には次の三つの性質があげられる．

(1)　高強度：切れない，壊れないこと
(2)　高弾性率：機械的に変形しにくいこと
(3)　耐熱性：高い温度でも変形しないこと

エンジニアリングプラスチックの性能的なめやすとしてはおおむね引張り強さが60 MPa以上，弾性率2 GPa以上，長期耐熱性が100°C以上とされることがある．

このほかにも成形性や寸法安定性，耐薬品性，光学的な透明性，誘電率などの電気的特性，吸水性，耐摩耗性，耐衝撃性などについてそれぞれの高分子材料の特性が調べられ，それぞれの物性をいかした応用が図られている．

3.1.3　高性能高分子材料の設計の考え方

では，エンジニアリングプラスチックはどのような考え方をもとに開発されてきたのだろうか．

a.　高分子の強度・弾性率　まず高分子を一つのばねと考えよう（図3.3）．さらにその中の一つの化学結合A—Bを考えると弾性率（$E(\text{A—B})$）は，フックの法則から応力（σ）を表す変形量の比（ε）の係数であるので，

$$\sigma = E\varepsilon \tag{3.1}$$

となる．

ここで，単純な調和振動子モデルを考えて，k：結合の伸縮のばね定数，r：結合長，S：結合の断面積とすると

$$E(\text{A—B}) = \frac{kr}{S} \tag{3.2}$$

と表される．

一方，強度に対応する最大応力（$\sigma_{\max}$）を考えて，このときの変位 Δr のときのポテンシャルエネルギーが結合エネルギー（D）に等しいと仮におくと

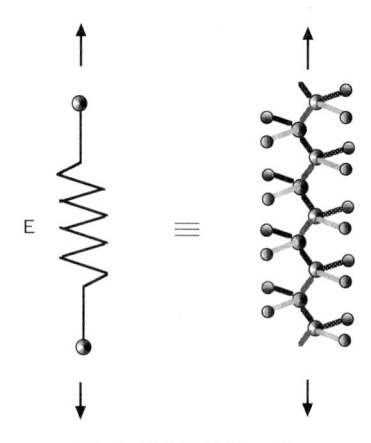

図 3.3 高分子のばねモデル

表 3.1 化学結合エネルギー

結合	結合エネルギー (kJ/mol)	(kcal/mol)	結合長 (nm)
N—O	275	60	0.12
C—N	305	73	0.15
C—O	360	86	0.14
C—C	370	88	0.15
O—Si	375	90	0.16
C=C	680	162	0.13
C≡C	890	213	0.12

$$\sigma_{\max}(\text{A—B}) = \frac{(2kD/N)^{1/2}}{S} \qquad N:\text{アボガドロ数} \qquad (3.3)$$

と表される．

多くの化学結合が連なった高分子鎖の場合は，結合角の変角運動など実際にはもっと複雑であるが，これらは高分子化学構造の設計の基本的な指針を与える．すなわち，分子鎖の結合エネルギー（D）が大きく，ばね定数（k）が大きいこと，また分子鎖の断面積（S）が小さいことが強度・弾性率を向上させることになる（表3.1）．

次に，高分子のコンフォメーションや集合状態を考えてみよう．分子鎖の断面積が小さく，直鎖状にパッキングされている配列集合体が強度・弾性率を発現する理想的な構造である．したがって，高分子の化学構造も側鎖基が大きなものやらせん構造などは好ましくなく，直線に近い剛直な分子構造が化学結合のもって

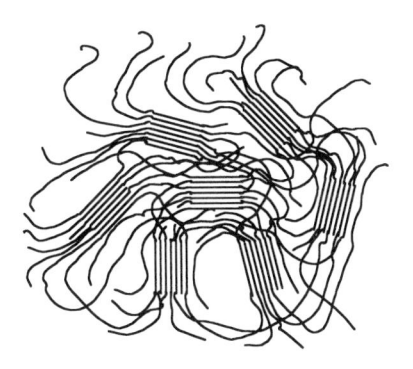

図 3.4 房状ミセル（fringed micelle）構造モデル

いる理論的な強度を発現できることになる．

したがって，高分子の集団の固体構造が材料としての強度・弾性率の発現に深くかかわっていることが理解されるだろう．高分子の微細構造としては微結晶と非晶領域からなる房状ミセル構造（図 3.4）が一般的であるが，分子設計や材料の加工法によって図 3.5 のような伸び切り鎖結晶に近い構造をもつ材料が開発さ

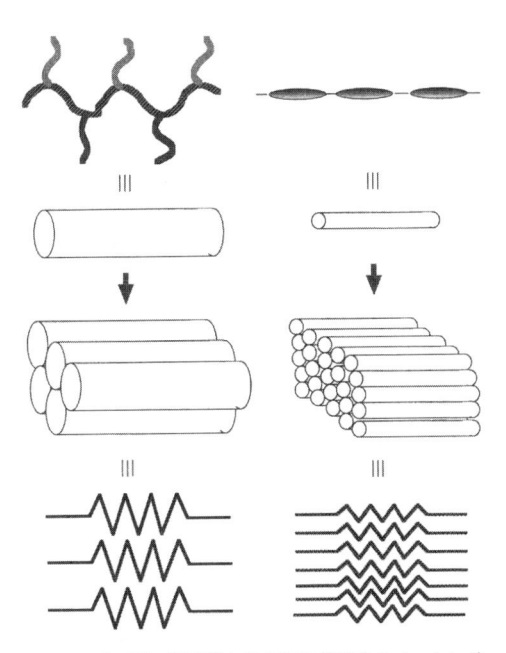

図 3.5 分子鎖の断面積と伸び切り鎖構造のパッキング

れ，鉄鋼よりも大きな強度を発現できたのである（図3.6）．

b．高分子の耐熱性 耐熱性を表す指標となる現象としては，熱による物理的な軟化と熱分解を含む化学的な熱変化がある．

熱による軟化は，高分子材料中のガラス状態にある非晶質が流動化するガラス転移温度（T_g）と結晶が融解する融点（T_m）によって示される．理想的な伸び切り結晶においては，T_m は

$$T_m = \frac{\Delta H_m}{\Delta S_m} \tag{3.4}$$

ΔH_m：融解のエンタルピー，ΔS_m：融解のエントロピー

で与えられる．すなわち，融解のエンタルピー ΔH_m が大きく，融解のエントロピー ΔS_m が小さな高分子が，熱による軟化がしにくいことになる．分子構造で言い換えると，ΔH_m を大きくするため，水素結合などの分子間相互作用が大き

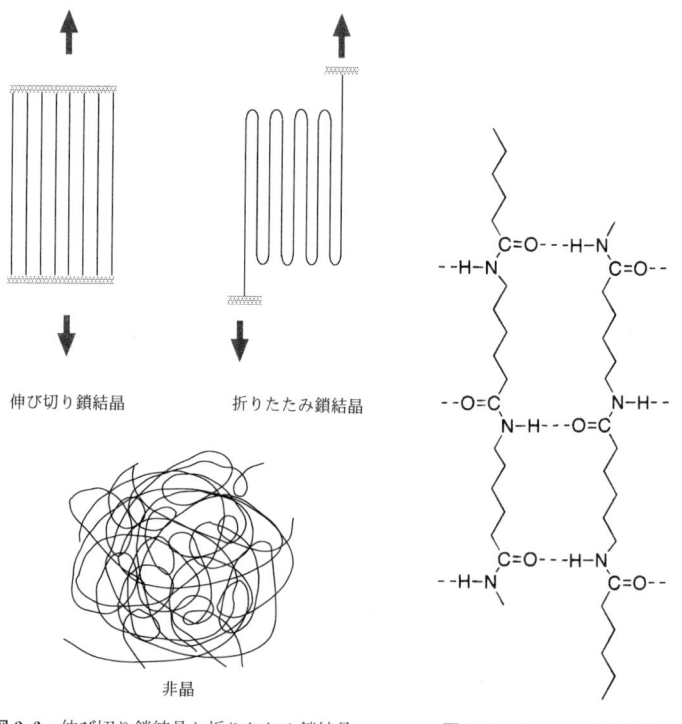

図3.6 伸び切り鎖結晶と折りたたみ鎖結晶・非晶

図3.7 ナイロン6の水素結合の例

い基をもっていること，また対称性がよく剛直で $\varDelta S_m$ が小さいことが基本的な設計になる（図3.7）．

一方，熱分解について考えてみよう．単純化したモデル反応として，最初に主鎖の開裂によるラジカルの発生が起こると仮定できる．熱分解しにくくするために，主鎖の化学結合が切れにくい安定なもの，およびラジカルが発生してもラジカルを安定化させる構造が試みられてきた．

例えば，はしご状に結合したラダー構造のポリマーや架橋構造をたくさん有するポリマーではポリマーの低分子化が進みにくいため，耐熱性に有利である．分子間の相互作用も，熱による分子運動を抑制するので熱分解を抑制するのに有効である．生じたラジカルの安定化のために主鎖に π 共役系の基を導入することも指針の一つである（図3.8）．

3.1.4 高強度・高弾性率ポリマー材料

代表的な高強度・高弾性率ポリマー材料をみていこう．

a. 高強度・高弾性率ポリエチレン　　ポリエチレンは基本的なCとHからなる高分子である．分子鎖の断面積は $0.182\,\mathrm{nm}^2$ とさまざまな高分子の中でも小

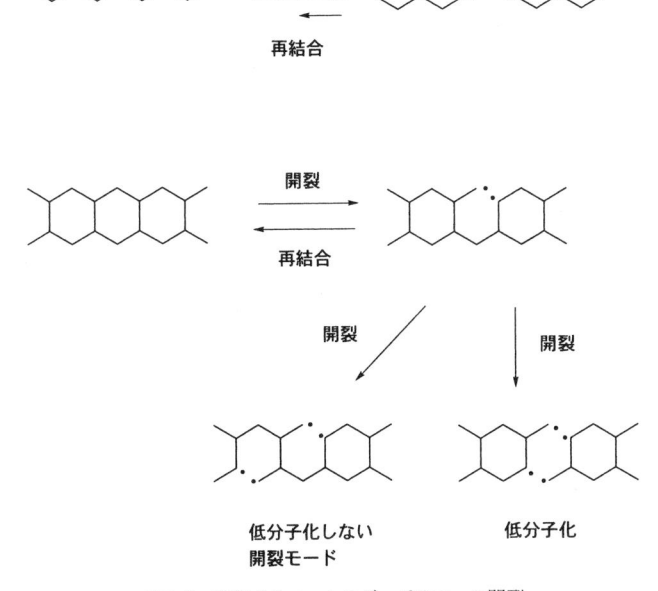

図3.8　直鎖ポリマーとラダーポリマーの開裂

さく，高強度・高弾性率が得られやすい（図 3.9）．

ポリエチレンは汎用ポリマーとして容器や包装材として身近なところで使われている．高性能なポリエチレン材料を作るために，100万以上の分子量をもつポリエチレンを用いて材料中の分子末端の数を減らし，ゲル紡糸法といった伸び切り鎖配列構造を作る方法によって，後に述べるアラミド繊維をこえた強度・弾性率を達成した．この高強度・高弾性率ポリエチレンは，ロープや防弾チョッキ，パラシュート，複合材料などに利用されている．

ゲル紡糸法とは，パラフィン系溶媒に溶かした高分子溶液を空気中に吐き出し，溶液を含むゲル状繊維を数十倍に延伸することにより，ゲル状態での折りたたみ分子鎖を引き延ばし，伸び切り鎖配列を作る方法である．このほかにも超延伸法と呼ばれる多くの加工法がある．

b．アラミド　　アラミド（aramide）とは，芳香族ポリアミドをさす（図 3.10）．脂肪族ポリアミドをより剛直にした構造であり，折りたたみ構造をとりにくく高強度・高弾性率を有する．

ところが，一般的にアラミドは剛直な分子のため，溶融する前に熱分解してし

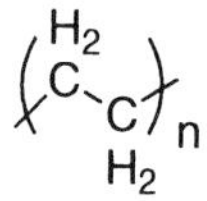

図 3.9　ポリエチレン（PE）

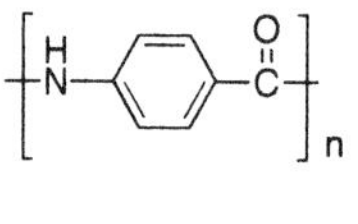

ポリ *p*-ベンズアミド
(Poly(*p*-benzamide), PBA)

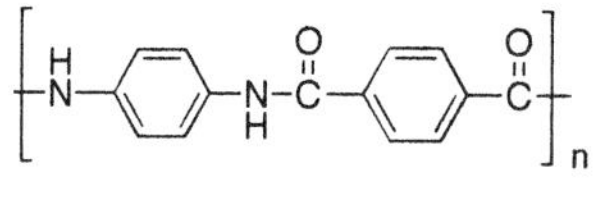

ケブラー
(Poly(*p*-phenylenetetraphthalamide), PPTA)

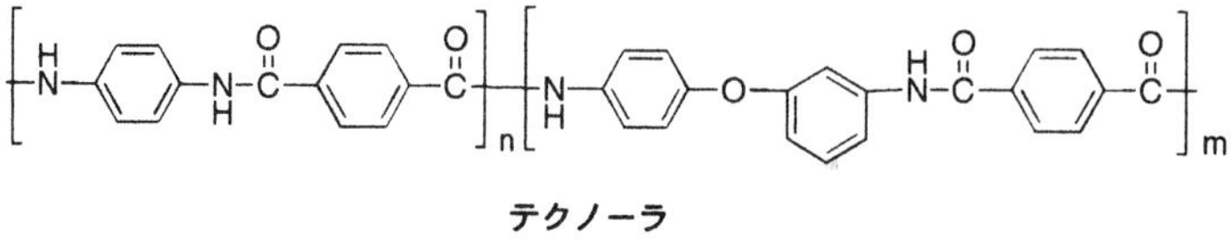

テクノーラ

図 3.10　アラミド

まうので熱をかけての溶融加工が困難であった．そこで，特殊な加工法である液晶紡糸法が発見，開発され，鉄の5倍の強度を示すケブラー（Kevlar）が製品として開発された．

　剛直な分子は液晶状態をとりやすく，溶液中で一定濃度範囲でリオトロピック液晶相を形成する．この相から延伸することなく高速で糸をひくことにより伸び切り鎖構造を形成することができた．

　アラミド繊維はタイヤコードや航空機部品や耐熱性もいかして石綿の代替やセメント補強剤などに用いられる．

c．ポリアリレート　　芳香族ポリアミドに対して芳香族ポリエステルがポリアリレート（polyarylate）である（図3.11）．ポリ-p-オキシベンゾエートは溶融も溶解もしないが，分子不整と呼ばれる高分子内への適当な非対称性の導入により，アラミド繊維と異なり熱溶融による加工が可能となった．

　アラミドより強度・弾性率は大きくはないものの，ポリアリレートは液晶性を有する．このため，高分子間のパッキングを伸び切り鎖構造にしやすく，加工性とのバランスのとれた材料となっている．

3.1.5　液晶ポリマー

　実際に高性能高分子材料に用いられるほとんどの高分子は主鎖型液晶ポリマーに分類される．アラミドなどの芳香族ポリアミドは溶液中で液晶性を示すライオトロピック液晶である．また，ポリアリレートはある温度範囲で液晶性を示すサ

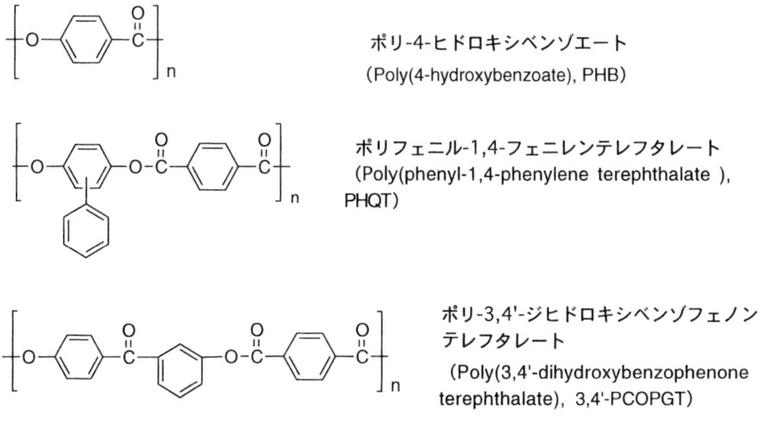

ポリ-4-ヒドロキシベンゾエート
（Poly(4-hydroxybenzoate), PHB）

ポリフェニル-1,4-フェニレンテレフタレート
（Poly(phenyl-1,4-phenylene terephthalate)，PHQT）

ポリ-3,4'-ジヒドロキシベンゾフェノンテレフタレート
（Poly(3,4'-dihydroxybenzophenone terephthalate)，3,4'-PCOPGT）

図3.11　代表的なポリアリレート

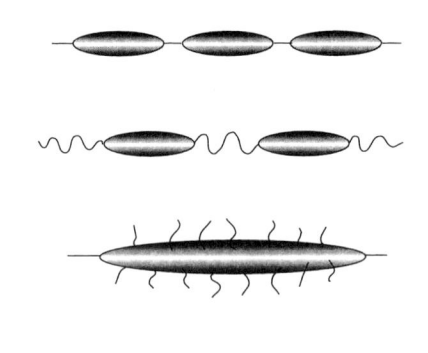

— : メソーゲン基
— 〜〜 : 屈曲鎖

図3.12 主鎖型液晶ポリマーのモデル

ーモトロピック液晶である．

モデル的に，永久双極子をもち，剛直な棒状あるいは平板状のメソーゲン基とアルキル鎖などの屈曲鎖を直線的にもつ高分子の構造が主鎖型液晶ポリマーとなりうる（図3.12）．この構造は高強度・高弾性率をもつ高分子の条件と類似している．また，加工法と高分子の配列などを考えると，液晶性をもっていたからこそ伸び切り鎖構造の材料に加工できたともいえる．

3.1.6 耐熱性ポリマー材料

代表的な耐熱性ポリマーとしてポリイミドがあげられる（図3.13）．T_g が400°C程度，T_m が500°C以上，5％重量減少温度が600°Cに達し，このフィルム上で卵焼きが焼けるのはもちろん電子材料や航空宇宙材料に広く用いられる．

一般に，イミド体の溶融成形性と溶媒溶解性は低いのでアミド酸の状態で成形後，加熱して閉環させるか粉体成形する．分子不整の考え方を入れて，やや耐熱性が低くなるものの，熱溶融が可能なポリイミドも開発されている．

高強度・高弾性率材料であげたポリアリレート，アラミドも代表的な耐熱性ポリマーである．耐熱性の高いセラミックやガラスへ近づいたさまざまな有機高分子が提案されている（図3.14）．

3.2 ポリマー複合材料

高性能高分子材料へ炭素繊維やガラス繊維などを埋め込んだ複合材料とすると強度と剛性にすぐれるだけでなく，金属材料に比べ腐食に強く軽量な材料を得る

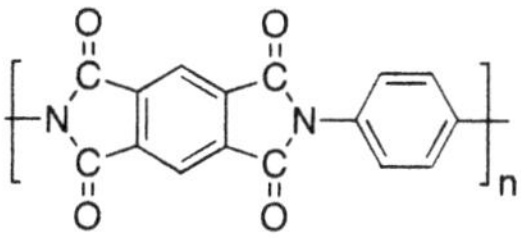

図3.13 代表的なポリイミド

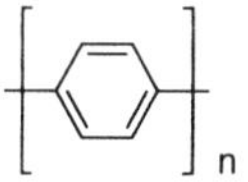

ポリ（p-フェニレンピロメリットイミド）(PPPI) Tg 700℃

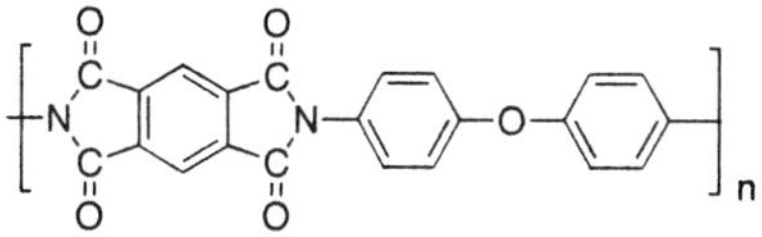

カプトン Tg 420℃

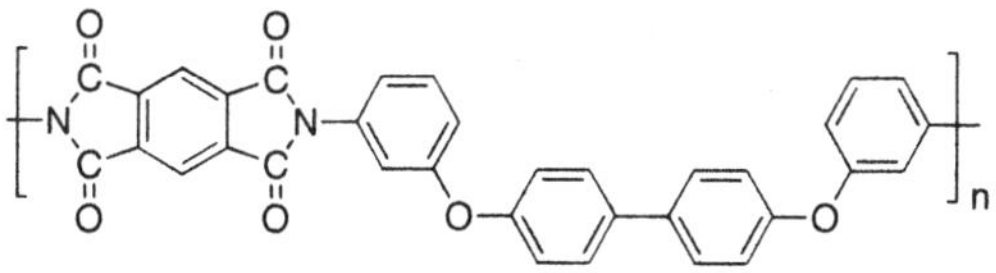

オーラム Tg 250℃

ポリ（p-フェニレン）(PPP)

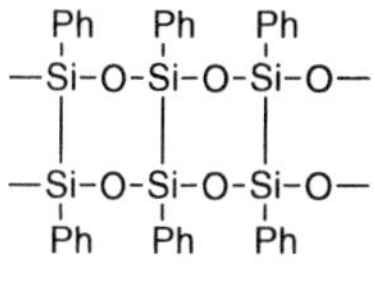

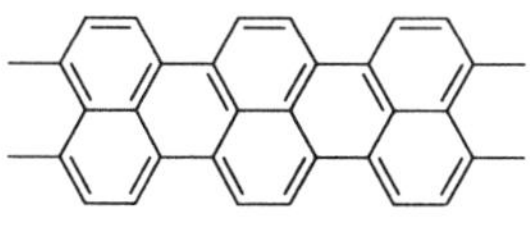

ポリペリナフタレン (PPN)

図3.14 さまざまな耐熱性高分子

ことができる．

3.2.1 複合材料化

ポリマー複合材料のかたちとしては，粒子状にフィラーと呼ばれる有機や無機の材料を分散した粒子分散型や各種繊維を編み込んだ繊維型，いくつかの材質の

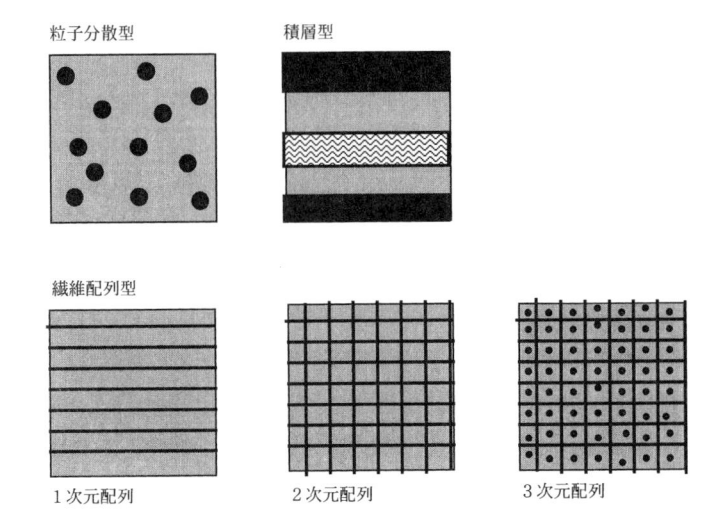

図 3.15 ポリマー複合材料の構造

異なる積層体である積層型，分子レベルで混合された分子複合型などのモデル的な分類がなされる（図 3.15）．

これらはそれぞれの大きさのレベルでの組織の作りかたであるといえる．繊維型モデルでいえば，一方向に繊維を並べたものや編み込んだものなどがあり，多様な組み合わせが可能である．

繊維型複合材料は一般に FRP（fiber reinforced plastics）と呼ばれる．それぞれの材料との組み合わせから，炭素繊維補強プラスチックは CFRP，ガラス繊維補強プラスチックは GFRP，アラミド繊維補強プラスチックは ArFRP などと略されて呼ばれることがある．それぞれ高分子との組み合わせにより，剛性や衝撃性，耐熱性，X 線透過性など応用に適した多様な特性に特徴が見出されている．

3.2.2 ポリマーアロイ

異なる特性をもついくつかの高分子を分子レベルで混合した多成分高分子材料がポリマーアロイ（高分子合金）である．

汎用エンジニアリングポリマーの一つである m-PPO はポリフェニレンオキシド（PPO）へポリスチレンを混合したポリマーアロイである．PPO は燃焼する際に滴下しないことや，自己消火性があるなどの利点があるものの成形加工が難しかった．ポリスチレンとアロイ化することにより成形性が改良され広く用い

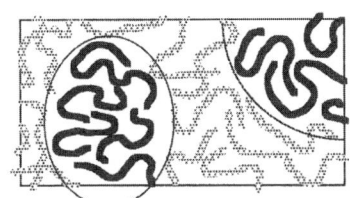

非相溶な高分子どうしのミクロ相分離

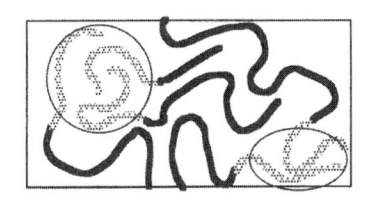

ブロック共重合体のミクロ相分離

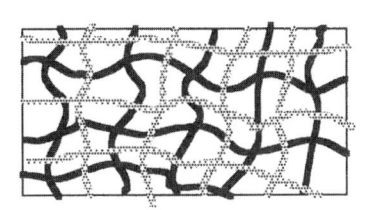

相互侵入高分子網目（IPN）

図 3.16　いくつかのポリマーアロイのかたち

られるようになった．アロイ化されると，この材料は，一つの値の T_g しか示さず，T_g は PPO の重量分率とともに 100°C から 210°C 付近までほぼ直線的に変化する．

ポリマーアロイの形態は高分子同士の性質によってさまざまなものが知られている（図 3.16）．

同じもしくは異なる部分構造の集合体である高分子の混合は興味あるミクロの組織構造を形成する．ほとんどの場合，異なる高分子同士は分子次元で溶け合わないので機械的に混合しミクロに相分離した材料になる．これもポリマーアロイの範疇に分類されている．このほかに，一定の温度領域で相溶する半相溶系，お互いに分子レベルで相溶する m-PPO のような均一系のアロイ材料などに分類される．

非相溶な部分構造をもつブロック共重合体やグラフト共重合体はそれぞれの部

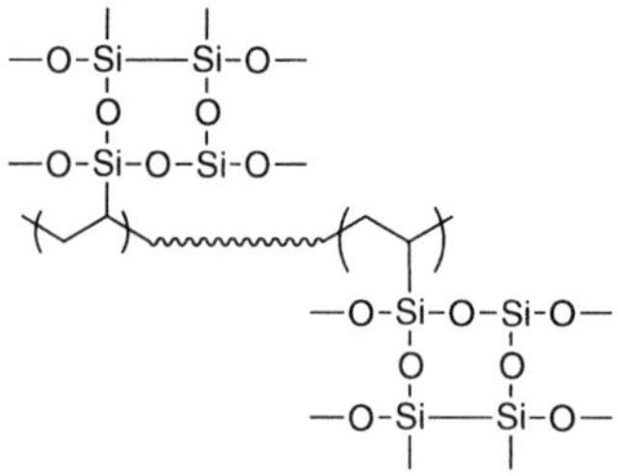

図 3.17 シロキサン構造を側鎖にもつ有機無機ハイブリッド材料

分が集まって数十 nm のサイズの凝集を起こす．また，異なる種類の架橋構造をもつ相互高分子網目（interpenetrating polymer network）構造のようなものもある．さらに非相溶系にブロックポリマーを加えたり，化学反応を組み合わせたりするさまざまなアロイ形成の方法がある．

3.2.3 有機無機ハイブリッド材料

自然界には，貝殻や骨，歯，珪藻などすぐれたバイオコンポジットと呼ばれる有機無機ハイブリッド材料が存在する．これらをまねて高分子と金属組織との微細構造体や粘土鉱物の層間へ高分子を挿入した材料など無機相と高分子がミクロ構造を作り，高性能材料への応用が図られている（図 3.17）．

謝辞 本章を執筆するに当たり資料等でご協力いただいた伊藤正義氏（三井化学）に感謝します．

4

光 と 高 分 子

4.1 感光性高分子

　高分子化合物は繊維，プラスチック容器，レンズなど形のあるものを作る構造材料として日常生活に用いられている．そして，これまで構造材料としての高性能化の研究に加え，種々の機能を付加した高分子の開発も活発に行われた．これらは機能高分子と呼ばれているが，その中で光やX線などの電磁波，電子線などの高エネルギー粒子線を照射すると，本来もっている性質が顕著に変化するタイプの高分子材料がある．これらは感光性高分子（photopolymers），または感光性樹脂と呼ばれ，外部エネルギーの照射により顕著な性質の変化を示すものである．

4.1.1 光照射に伴う高分子の構造の変化

　感光性高分子化合物を薄膜状（1～100 μm）にして光照射すると表4.1に示すような性質の変化を示す．これらの性質の変化は光化学反応が生じ高分子に分子構造の変化が起こるためである．そして，どのような構造変化が生じるかを整理すると図4.1のようになる．

4.1.2 高分子の光架橋と物性変化

　線状構造を有する高分子化合物が光反応により三次元網目構造に変化すると溶剤などに不溶性になる．分子量が比較的大きい線状高分子の，主鎖，または側鎖構造として光反応性の感光基を含むもの，あるいは単純に光反応性の架橋物質を混合したものがこの分類に属する感光性樹脂である．この感光基，あるいは架橋物質が光を吸収して感光基が反応し，その結果，線状構造が架橋構造に変化し溶剤などに不溶化（ゲル化）する．表4.2（a）には，混合型に分類される高分子と光架橋物質の例を示す．古くは天然高分子と重クロム酸塩を混合したものが使

表 4.1 光照射で変化する性質の変化

光などで変化する性質	変化の状態
溶解性	溶解 ⟶ 不溶化
	不溶 ⟶ 可溶化
接着性	強 ⟷ 弱
粘着性	強 ⟷ 弱
相変化	液体 ⟶ 固体
	固体 ⟶ 液体
	固体 ⟶ 気体
光透過率	高 ⟷ 低
光屈折率	高 ⟷ 低
表面エネルギー	高 ⟷ 低
導電性	低 ⟶ 高
レオロジー特性	変 化
機械特性	変 化

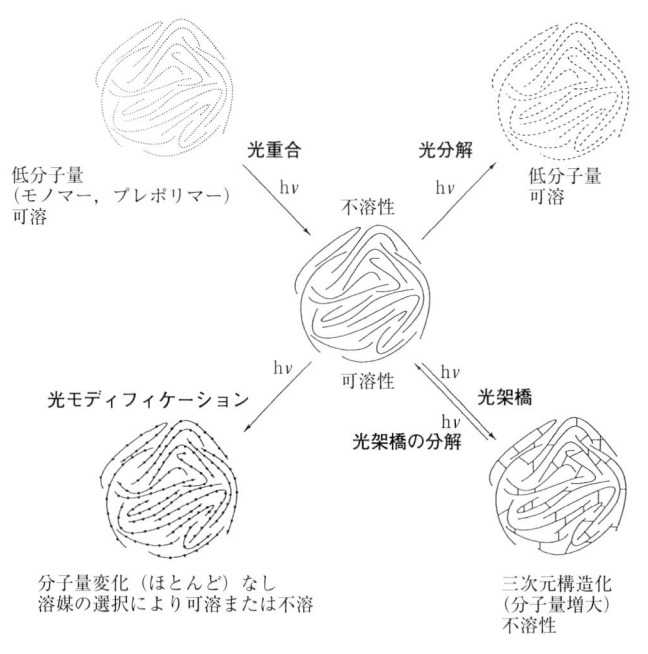

図 4.1 高分子の光による構造変化の分類

われていた．また，表 4.2（b）には光架橋性感光基を分子構造の一部として含む感光性高分子の例を示す．

a．光架橋剤を混合するタイプ 長鎖線状高分子に単純に混合するだけで，

表 4.2 (a) 高分子に光架橋剤を混合するタイプの例

高分子化合物	光架橋剤
ポリビニルアルコール	重クロム酸ナトリウム
	ジアゾ樹脂
ポリイソプレン	アジド化合物
ノボラック樹脂	アジド化合物
ポリアクリルアミド	水溶性アジド化合物
クレゾール型ノボラック樹脂	o-ナフトキノンジアジド-5-スルホン酸エステル

表 4.2 (b) 光架橋性感光基を構造中に含むタイプ

ポリ（けい皮酸ビニル）
ポリ（ビニル p-アジドベンゾエート）
ポリエステル（p-フェニレンジアクリル酸-ジエタノールシクロヘキサンのポリエステル）

線状の高分子を光架橋し網目構造に変化させる光架橋剤は表 4.2 (a) に示されているが, これ以外にも多数見出されている. このタイプの感光性高分子はともに用いる高分子化合物の性質をいかすことができる点で有利な場合が多い.

b. 光架橋性の官能基が内在するタイプ[1-3]　内在タイプとして, E. Kodak 社の Minsk らにより開発されたポリ（けい皮酸ビニル）が最初の例である[1]. けい皮酸が光二量化してツルキシン酸を生成する反応を利用している. ポリ（ビニルアルコール）の側鎖基である水酸基にけい皮酸をエステル化した高分子である. これを有機溶剤に溶解し基板にコーティングし 1〜2 μm 程度の薄膜層を形成する. この薄膜に紫外線を照射し, 現像液（有機溶剤）で洗うと, 露光部の膜は不溶性に変化し基板上に残る. しかし, 非露光部の膜は現像液に溶解, 除去され, その結果基板表面が露出される. マスクのパターンと反対のパターンが高分子膜により形成される. 光で不溶化するのは, 図 4.2 のスキームで示すように露光でけい皮酸エステルが光を吸収して励起状態になり二量化反応を起こし, その結果, 高分子が架橋され三次元網目構造となるためである. けい皮酸エステルの光二量化の反応は短波長光（280 nm 付近）を要するため, 実際に使用するときは三重項-三重項エネルギー移動型の増感剤を添加し 365 nm の光で反応するように調整される. 高分子化合物は線状構造であれば, それを溶かすための何らかの溶剤や水溶液が存在するが, 架橋され三次元網目構造になると基本的に溶解しなくなる. したがって, 露光部の膜が溶けなくなるのは光により架橋構造が形成されたことを示す. このように, 露光部が不溶性となる感光性高分子をネガ型と

図 4.2 けい皮酸の光二量化反応を利用する架橋

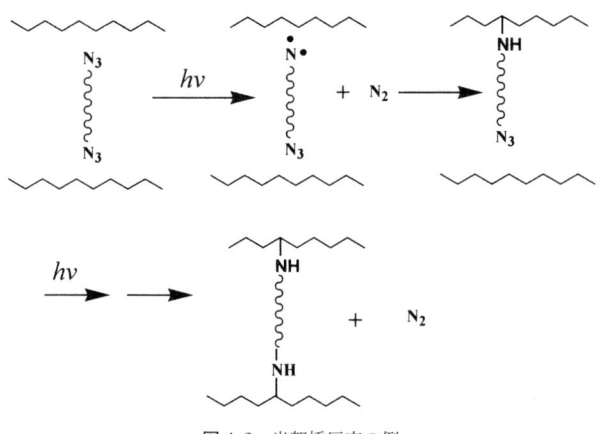

図 4.3 光架橋反応の例

いう．

図 4.3 にジアジド化合物を混合した感光性高分子の光架橋反応の例を示す．

c. 光架橋と感度　線状高分子を光架橋により不溶化させる機構の場合，高分子の1分子に対して平均何本の架橋が必要かという問題は感度を決めるうえで重要である．これは統計力学に基づく高分子のゲル化理論によって説明される．Charlesby のゲル化理論[4]によれば，高分子のゲル化と架橋数の関係は式 (4.1)

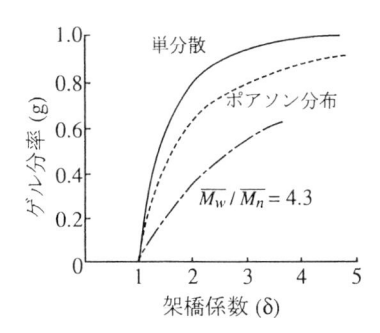

図 4.4 高分子のゲル分率と架橋係数の関係

～(4.3) で与えられ，図示すると図 4.4 の曲線で示される．ここで，横軸は高分子の架橋係数 δ，すなわち重量平均重合度当たりの架橋数であり，縦軸はゲル分率を表す．高分子化合物の分散（平均の分子量分布）をパラメータとした各曲線が示されている．架橋係数 δ が 1.0 でゲル化が始まり，δ が増大するにつれゲル分率が増えてゆくが，その増え方は高分子の分子量分散によってかなり異なる．分散が 1，すなわち，高分子の分子量がすべて等しい場合，架橋係数 $\delta=3$ 程度でゲル分率がほぼ 1.0 に達する．高分子，1 分子に対しておよそ 3 本の架橋が起こればほぼ 100 % 不溶化することを示している．分子量分散がポアソン分布では 1.0 近くのゲル分率を得るためには $\delta=5$ 程度が必要で，単分散に比べるとより多くの架橋が必要になる．分散が広くなるに従いより多くの架橋が必要になる．これらの架橋はフォトンによって形成されるため，それだけ多くのフォトン数が必要で，言い換えれば低感度になる．

$$g = 1 - s = 1 - \sum nu \frac{\exp(-qug)}{A_i} \quad (4.1)$$

$$A_1 - A_2 q + \frac{A_3 q_2 g}{2!} - \frac{A_4 q_3 g_2}{3!} + \cdots = 0 \quad (4.2)$$

$$\delta = q u_2 \cdots \quad (4.3)$$

ここで，g：ゲル分率，s：ゾル分率，u：モノマー数，n：u 個のモノマーユニットを含む分子の数，q：架橋密度，δ：架橋係数，$u_2 = A_2/A_1$，$A_i = \sum nu^i$．

A. Reiser らは，架橋反応が逐次的に起こるケースと連鎖反応で起こるケースについて，$\delta=1$ となる点（ゲルが現れ始める点）までに必要な照射光エネルギー（$E_{\min}$）について，それぞれ式 (4.4) および式 (4.5) で $E_{\min}$ および $E'_{\min}$ の

ように表している．

$$E_{\min} = \frac{rd}{2.3\varepsilon\varPhi X_w} \tag{4.4}$$

$$E'_{\min} = \frac{rd}{2.3\varepsilon\varPhi X_w m} \tag{4.5}$$

ここで，r：高分子の密度，d：膜の厚み，ε：感光基による光吸収率，$\varPhi$：架橋の量子効率，X_w：重量平均分子量，m：感光基のモル分率．

d．光により高分子の極性を変化させるタイプ 高分子化合物が溶剤などへ溶解する原理として大きく分けると，高分子と溶剤の溶解度パラメータの近い組み合わせを用いる方法，酸-塩基中和を利用して溶解させる方法に分類される．図4.5に示す例はポリ（p-ホルミルオキシスチレン）が光照射によりフリース転位を起こし，ポリ（p-ヒドロキシスチレン）に変化しアルカリ水溶液に可溶性になるものである[5,10]．

e．感光物質と高分子との相互作用を変化させるタイプ 高分子の分子量は変化しないが，高分子に内在する極性基が共存物質とコンプレックス形成などの相互作用をしており，光によりその相互作用が解除されることにより溶解性が向上するタイプの感光性高分子がある．最もよく知られ，かつ重要な例はノボラック樹脂と o-ナフトキノンジアジド-5-スルホン酸エステル（o-NQD）の混合系であり，印刷用PS版や微細加工用レジストとして現在もなお不可欠な材料である．そのパターン形成の機構は図4.6のモデルで説明される．よく知られているように，クレゾール型ノボラック樹脂はフェノールの存在により希アルカリ水溶液に可溶である．しかし，o-NQDを混合するとフェノールグループとの水素結合により希アルカリ水溶液に対する溶解性が著しく低下する．しかし，350〜440 nm の光を照射すると溶解性が上昇しクレゾール型ノボラック樹脂自体より，いっそう高い溶解性を示すようになる．この露光前後の溶解性の差を利用してポジ

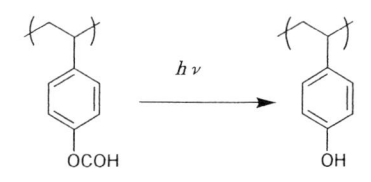

図4.5 側鎖官能基の光反応による高分子極性の変化

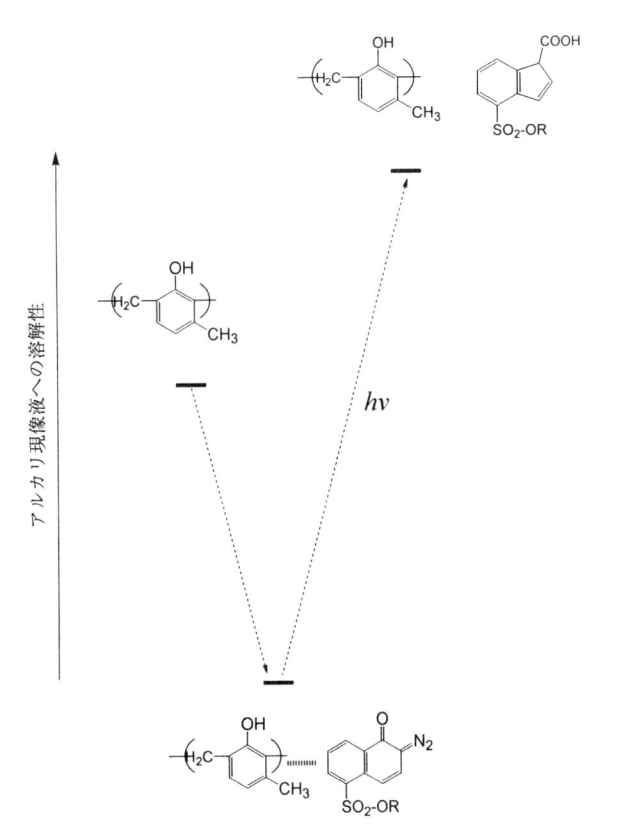

図 4.6 *o*-ナフトキノンジアジド-5-スルホン酸エステル-クレゾール型ノボラック樹脂のフォトレジストの原理

型フォトレジストとしての機能を発揮する．*o*-NQD の光反応は図 4.6 に示すように非水溶性の *o*-NQD が光により窒素分子を放出し，吸着水の存在でインデンカルボン酸誘導体に変化する．露光前の *o*-NQD が溶解阻止剤として作用し，インデンカルボン酸は反対にノボラック樹脂のアルカリ水溶液への溶解性を促進するため露光部と非露光部で溶解性に大きな変化が生じる．

f. 光触媒により高分子内の官能基を変化させるタイプ（化学増幅型レジスト）　光により触媒物質を生成する前駆体を，適当な高分子化合物に共存させておき，露光により生成する物質を触媒的に利用して高分子の官能基を変化させる機構の感光性高分子である．

微細加工の分野で短波長光（248〜193 nm）露光用のレジストとして開発された"化学増幅型レジスト"[5] を例とすると図4.7のような機構でパターン形成が行われる．ポリ（p-ヒドロキシスチレン）の水酸基を $tert$-ブトキシカルボニル基でブロックした高分子を合成する．この高分子は水酸基が保護された構造で，本来可溶性である塩基性水溶液に不溶性になる．この高分子に光酸発生剤（photoacid generator；PAG）としてジフェニルヨードニウム・SbF_6 を少量加えてフォトレジストとする．露光により強酸が発生し，さらに加熱することで保護基の $tert$-ブトキシカルボニル基が脱離して水酸基が復元し，塩基性水溶液に可溶性になる．この反応で酸は触媒的に作用し何度も反応に関与できる．この酸のプロトンの反復使用が増幅に相当する．また，酸濃度は露光直後では表面近傍で高く底辺付近で低いが，加熱工程などで平均化されることもあり，露光後のレジストのプロファイルはすぐれている．ただし，レジスト表層で大気と接触しているところは，空気中の塩基性物質で酸が中和される表面層の不溶化が生じる傾向があり，この現象を防ぐための工夫が行われている．

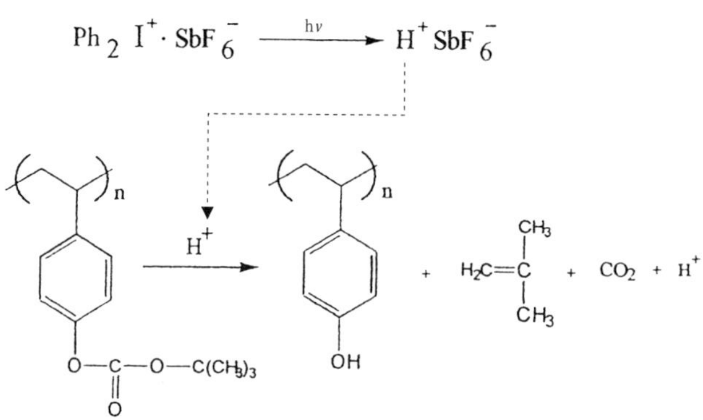

図4.7　ポリ（$tert$-ブトキシカルボニルオキシスチレン）と光酸発生剤からなる化学増幅型レジストの原理

g. 分子量が変化（減少）するタイプ　光によって線状高分子の主鎖が切

断され分子量が低下する高分子や，分解して出発のモノマーに戻る高分子なども開発されている．分子量の低下により不溶性であったものが可溶性になったり，固体薄膜がガス状になったりする興味ある高分子も得られている（図4.8）．

h. 架橋の切断により可溶化させるタイプ　　最初に三次元網目構造を有し，したがって不溶性の高分子の架橋を光によって切断して可溶性化するタイプのフォトレジストもある．ビニルエーテルによる架橋構造を酸分解して二次元化する例を図4.9に示す．

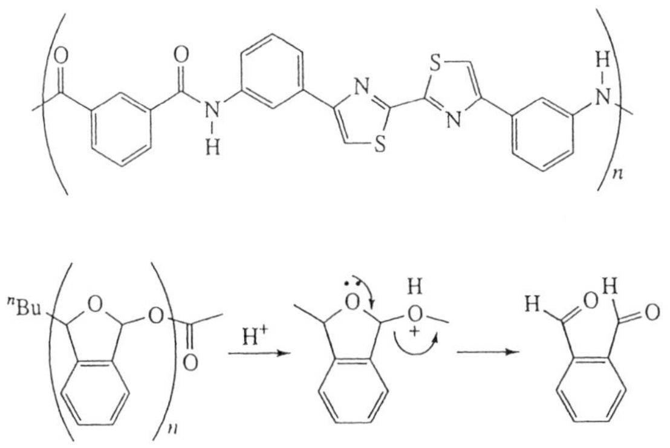

図4.8　光分解，光解重合による分子量の低下

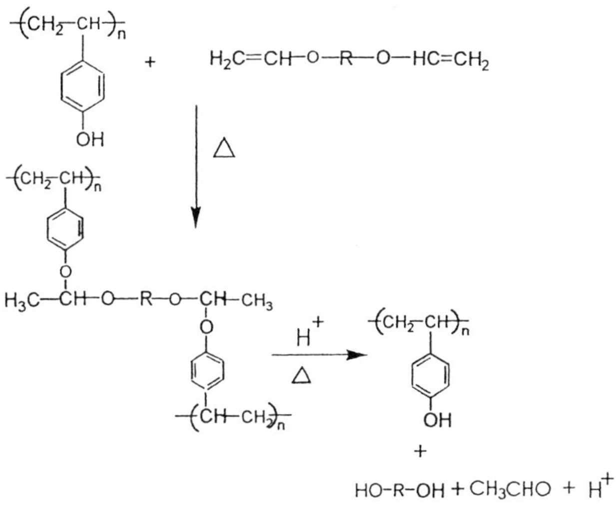

図4.9　光による架橋切断とフォトレジストへの応用例

i. 光重合による分子量の増大および架橋形成を利用するタイプ　　ビニル基やエポキシ基を含む化合物は連鎖重合し数百〜数千のモノマー分子がつながり高分子化合物を形成する．連鎖重合する前の化合物を単量体（モノマー），モノマーが連鎖重合してつながった多量体（ポリマー）を高分子化合物という．エチレン，スチレン，塩化ビニルなどのモノマーは気体や液体であるが，重合したポリエチレン，ポリスチレン，ポリ塩化ビニルは固体のフィルムやチップとしてよく知られているように，著しい物性の変化を示す．連鎖重合は重合開始種の存在で起こるが，モノマーの性質によりフリーラジカル，カチオン，アニオンのいずれかの開始種を必要とし，それぞれラジカル重合，カチオン重合，アニオン重合と呼ばれる（図4.10参照）．これらの連鎖重合を感光材料として応用する場合は，何らかの基質にモノマーを結合させた状態で使用する．また，光重合させる場合は開始種が光によってフリーラジカル，カチオン，または，アニオンを生成する光重合開始剤が用いられるが，実用的にはラジカル重合とカチオン重合が利用される．アニオン重合は水や不純物の影響を受けるため，現在のところ実用的な感光材料としては用いられていない．

光ラジカル重合の素反応と反応速度[8,9]

　これまで，ラジカル重合が最も一般的に使われている．これは，水や不純物の影響を受けにくく材料化に際して種々の添加剤や色素類と混合しても，選択的にモノマー同士が反応する点で有利である．ただし，空気中の酸素により重合阻害があり，これを防止するための工夫が必要である．光ラジカル重合は基本的に下式に示す素反応に従って進むとされる．

開　始	$\mathrm{In} \xrightarrow{h\nu} \mathrm{In}^*$	(4.6)
	$\mathrm{In}^* \longrightarrow \mathrm{In}$	(4.7)
	$\mathrm{In}^* \longrightarrow \mathrm{R}\cdot$	(4.8)
成　長	$\mathrm{R}\cdot + n\cdot\mathrm{M} \longrightarrow \mathrm{R-M}_n(\mathrm{P}_n\cdot)$	(4.9)
停　止	$\mathrm{P}_n\cdot + \mathrm{P}_m\cdot \longrightarrow \mathrm{P}_{m+n}$	(4.10)
	$\mathrm{P}_n\cdot + \mathrm{P}_m\cdot \longrightarrow \mathrm{P}_n + \mathrm{P}_m$	(4.11)
連鎖移動	$\mathrm{P}_n\cdot + \mathrm{S} \longrightarrow \mathrm{P}_n + \mathrm{S}\cdot$	(4.12)
	$\mathrm{S}\cdot + \mathrm{M} \longrightarrow \mathrm{S-M}\cdot$	(4.13)
	$R_i = I_{0\lambda}\Phi\{1-\exp(-2.3\varepsilon_\lambda[\mathrm{In}]L)\}$	(4.14)

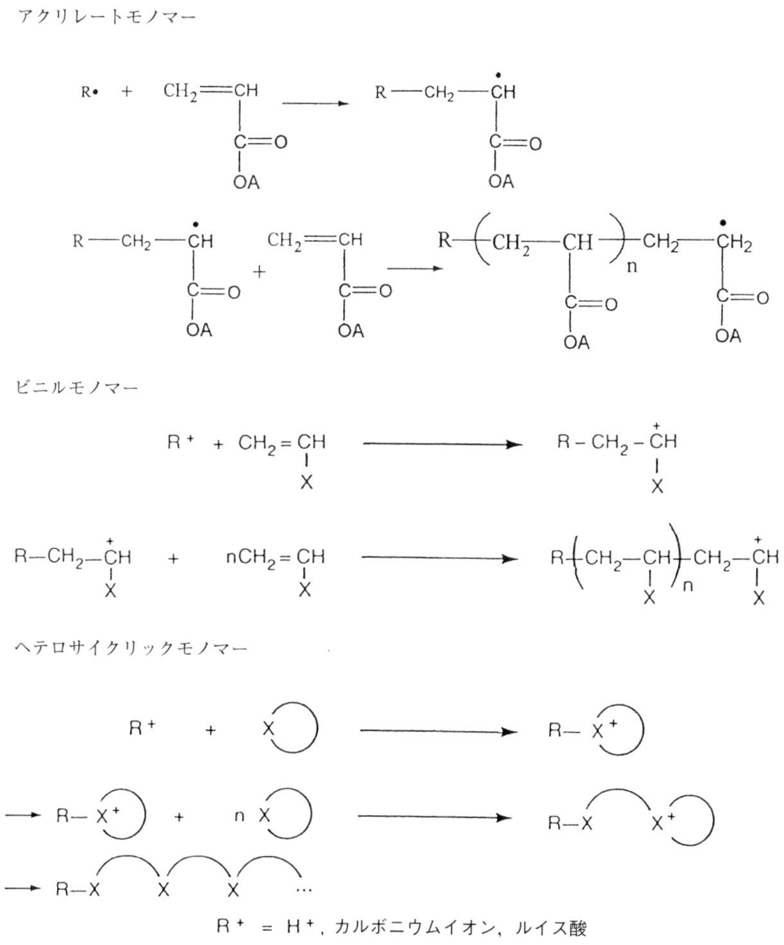

4.1 感光性高分子

アクリレートモノマー

$$R\cdot + CH_2=CH(COOA) \longrightarrow R-CH_2-\dot{C}H(COOA)$$

$$R-CH_2-\dot{C}H(COOA) + CH_2=CH(COOA) \longrightarrow R-(CH_2-CH(COOA))_n-CH_2-\dot{C}H(COOA)$$

ビニルモノマー

$$R^+ + CH_2=CH(X) \longrightarrow R-CH_2-\overset{+}{C}H(X)$$

$$R-CH_2-\overset{+}{C}H(X) + nCH_2=CH(X) \longrightarrow R-(CH_2-CH(X))_n-CH_2-\overset{+}{C}H(X)$$

ヘテロサイクリックモノマー

$$R^+ + X \longrightarrow R-X^+$$

$$\longrightarrow R-X^+ + nX \longrightarrow R-X-X^+$$

$$\longrightarrow R-X-X-X\cdots$$

$R^+ = H^+$, カルボニウムイオン, ルイス酸

図4.10 光ラジカル重合, 光カチオン重合, 光開環重合のモデル

$$R_p = k_p[\text{R}\cdot][\text{M}] \qquad (4.15)$$

$$R_t = k_t[\text{P}_n\cdot][\text{P}_m\cdot] \qquad (4.16)$$

$$R_{tr} = k_{tr}[\text{P}\cdot][\text{S}] \qquad (4.17)$$

$$R_p' = k_p'[\text{S}][\text{M}] \qquad (4.18)$$

ここで, R_i：初期重合速度, λ：照射光波長, $I_{0\lambda}$：波長λにおける照射光強度, Φ：ラジカル生成の量子効率, ε_λ：波長λにおける開始剤の分子吸光係数, [In]：開始剤の濃度, L：光路長, $\text{P}_m\cdot$, $\text{P}_n\cdot$：成長ラジカル, S：連鎖移動剤,

k_p：成長の速度定数，k_t：停止反応の速度定数，k_{tr}：連鎖移動の速度定数を表す．これらの素反応からモノマーの重合速度（コンバージョン）$d[\mathrm{M}]/dt$ は次式で表される．

$$\frac{-d[\mathrm{M}]}{dt}=\frac{k_p}{(k_t+k_t')}[\mathrm{M}][10^3 I_{0\lambda}f\Phi\{1-\exp(-2.3\varepsilon_\lambda[\mathrm{In}]L)\}]^{1/2} \quad (4.19)$$

ここで，$(-2.3\varepsilon_\lambda[\mathrm{In}]L)$ が小さい場合は式（4.19）は式（4.20）で近似できる．

$$\frac{-d[\mathrm{M}]}{dt}=\frac{k_p}{(k_t+k_t')^{1/2}}[\mathrm{M}](2.3\times 10^3 I_{0\lambda}f\Phi\varepsilon_\lambda[\mathrm{In}]L)^{1/2} \quad (4.20)$$

また，光重合開始剤が照射光量に対して一次反応で減少する場合は，光照射時間に対するモノマー濃度 $[\mathrm{M}]$，および，十分に光照射したときの残存モノマーの比率はそれぞれ式（4.21）と式（4.22）で表される．ただし，このような反応速度は上記の素反応が化学量論的に進む条件のときに得られる．実際の材料ではモノマーの重合に伴いマトリックスが硬化したり，開始剤の分子占有体積とマトリックスポリマーのガラス転移点の関係やさまざまな条件が重なるため，上式の通りには進まない場合もある．

$$[\mathrm{M}]=[\mathrm{M}]_0\exp\left\{\frac{-2k_p}{(k_t/\Phi L\varepsilon_\lambda)^{-1/2}}\left(\frac{[\mathrm{In}]_0}{I_{0\lambda}}\right)^{1/2}\left[1-\exp\left(\frac{-1}{2I_{0\lambda}\Phi\varepsilon_\lambda Lt}\right)\right]\right\} \quad (4.21)$$

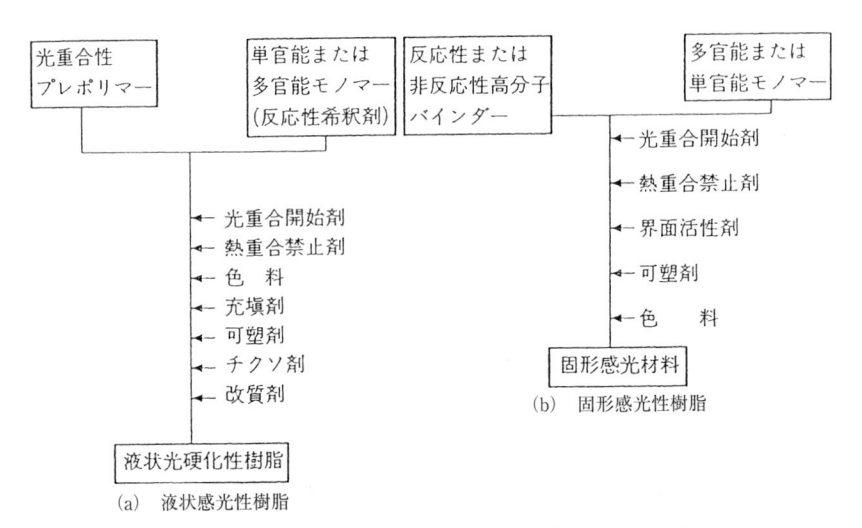

```
光重合性        単官能または      反応性または         多官能または
プレポリマー    多官能モノマー    非反応性高分子       単官能モノマー
                （反応性希釈剤）  バインダー

                                                    ← 光重合開始剤
                                                    ← 熱重合禁止剤
                ← 光重合開始剤                       ← 界面活性剤
                ← 熱重合禁止剤                       ← 可塑剤
                ← 色 料                             ← 色 料
                ← 充填剤
                ← 可塑剤                             固形感光材料
                ← チクソ剤
                ← 改質剤                         (b) 固形感光性樹脂

        液状光硬化性樹脂
        (a) 液状感光性樹脂
```

図 4.11　光重合型モノマーを用いた感光性樹脂の基本的な組成

$$\frac{[\mathrm{M}]_0-[\mathrm{M}]_\infty}{[\mathrm{M}]_0}=1-\exp\left\{\frac{-2k_p}{(k_t/\varPhi L\varepsilon_\lambda)^{1/2}}\left(\frac{[\mathrm{In}]_0}{I_{0\lambda}}\right)^{1/2}\right\} \quad (4.22)$$

ラジカル重合性モノマーを用いて感光性高分子を作り上げる際には基本的には図4.11の組成から構成される．塗料や印刷インキのような液体材料は(a)，また，固層やフィルム状で使用する場合は(b)のような組成とする．

　Bootsは四官能モノマーが重合する過程を図4.12のようにコンピュータシミュレーションで示している[6]．ラジカルが生成した点から重合が始まり連鎖的につながってゆき，最終的に全体が固相になる[6]．

　よく使用されるラジカル重合性モノマーはアクリル酸エステル（一般的にアクリレートという）であるが，低分子量のアクリレートモノマーは揮発性の液体であり，有害なものも多いのでそのままでは使用できない．通常，適当な分子量のオリゴマー（バラスト）にアクリレートモノマーを数分子化学的に組み込み，反応性オリゴマー（プレポリマーともいう）の形にして使用する（図4.13）．プレ

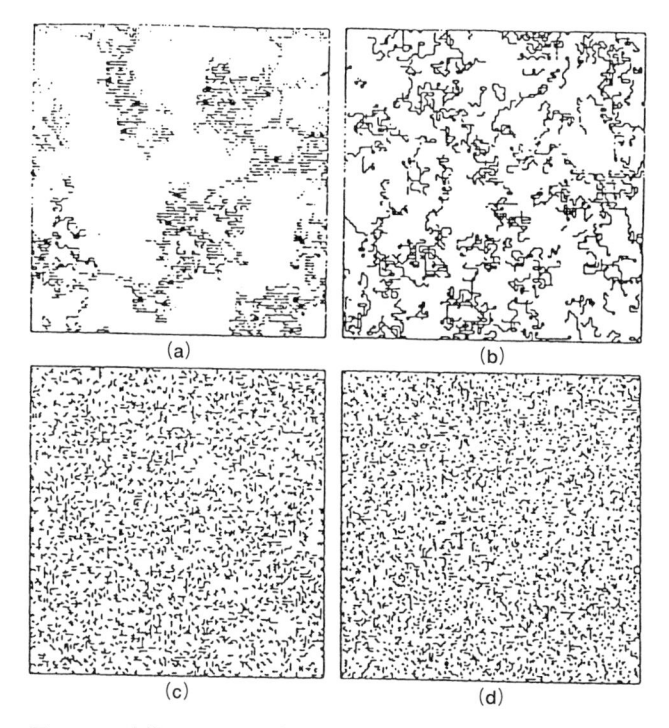

図4.12　四官能モノマーが重合してポリマー化する際のシミュレーション

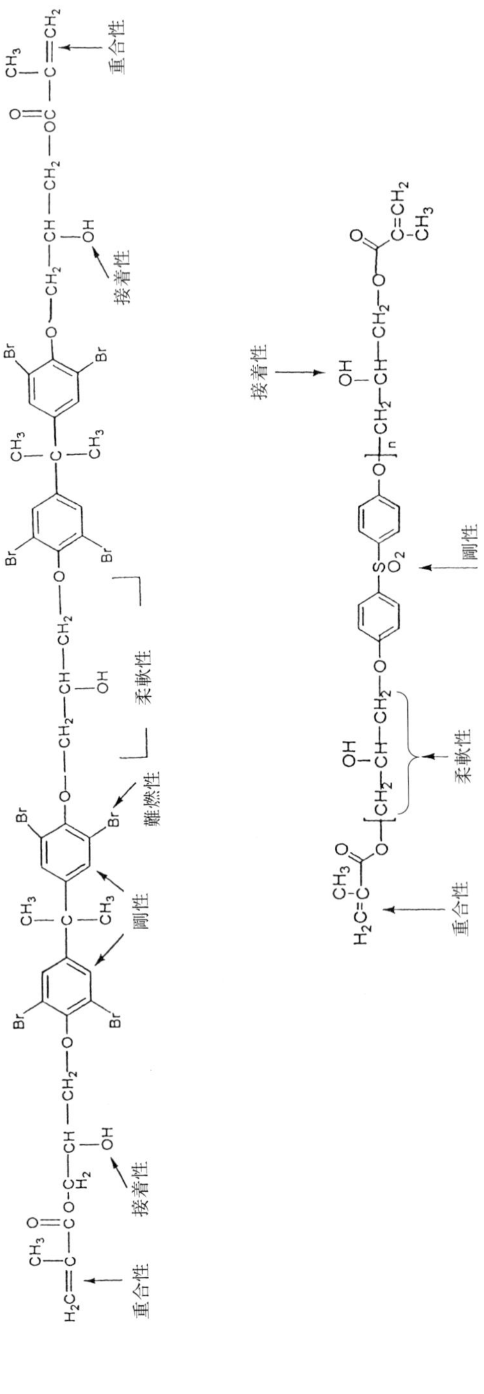

図4.13 プレポリマーの設計例

表 4.3 (a) 種々のモノマーの連鎖長

モノマー	$k_p/(k_t)^{1/2}$ (L/mole s)$^{1/2}$
アクリルアミド	4.37[a]
メタクリルアミド	0.2[a]
メタクリレート	0.21〜0.23[a]
ビニルアセテート	0.12〜0.18[a]
メチルメタクリレート	0.04〜0.08[a]
スチレン	0.006〜0.016[a]
1,6-ヘキサンジオールジアクリレート	8.6〜14[b]
ペンタエリスリトールテトラクリレート	1.5[b]

[a] 25°C 水溶液, [b] 40°C 純モノマー.

表 4.3 (b) 種々のモノマーの重合熱, 重合速度, 活性化エネルギー

モノマー	H_p[a]	R_p[M][b]	E_a[c]
メチルアクリレート	18.6	1.68	
エチルアクリレート	18.2	1.8	
ブチルアクリレート	17.3	2.2	
ラウリルアクリレート	16.2	2.51	5.04
2-エチルヘキシルアクリレート	18.8	1.73	
2-ヒドロキシエチルアクリレート	18.2	13.9	5.98
エチレングリコールジアクリレート	12.8	12.5	5.68
1,3-ブタンジオールジアクリレート	12.6	11.7	7.47
1,6-ヘキサンジオールジアクリレート	16.4	14.8	4.38
ネオペンチルグリコールジアクリレート	11.00	9.6	8.08
トリメチロールプロパントリアクリレート	8.8	14.2	1.81
メチルメタクリレート	9.2	0.95	5.0
2-ヒドロキシエチル MA	9.94	4.25	4.0
エチレングリコール DMA	7.16	2.11	3.93
1,6-ヘキサンジオール DMA	8.79	3.23	3.27
ネオペンチルグリコール DMA	7.03	2.79	3.03
トリメチロールプロパン TMA	5.29	3.24	2.50

[a] アクリロイル基当たりのモル反応熱, [b] $d[M]/[M]dt\%$, [c] 重合のピーク速度の温度依存性より計算.

ポリマーは光硬化後の樹脂物性を決める役割をするため使用目的に応じて設計する．例として光接着剤のために合成されたプレポリマーについて各部の役割を示す．また，よく用いられるラジカル重合型のモノマーの例を表 4.3 に示す．

光重合開始剤

ⅰ) ラジカル重合開始剤： 光重合型の感光性樹脂で開始剤は光の取り入れ

口であるので反応の開始にとり最も大事な組成物である．感度，感光波長，基板との接着性，安定性などにも影響する．開始剤は非常に多く開発されているが，実用化されているものはあまり多くない．モノマーとの相溶性，貯蔵安定性，基板との接着性にすぐれ，黄変性がないこと，のほかにも安全性などさまざまな性質が要求されるためである．

　重合開始剤としては単分子系と二分子系がある．前者は単独で開始種を生成するタイプ，後者は単独でもよいが，他の適当な促進剤や色素と組み合わせて使うことが多い．その場合，感度が著しく高くなったり，可視光でも重合を開始したりする．特に後者はレーザ記録やホログラム記録に使用する際に可視光波長域に感光性を広げるために利用される（表4.4）．

　マトリックスポリマー中での重合反応は，マトリックス高分子のT_g（ガラス転移点）による影響を顕著に受ける．いわゆる反応場の問題でマトリックスポリマーの自由体積率にモノマーの重合が影響を受ける．マトリックスのT_gが高いと光で生成した開始ラジカルのマトリックス中での移動が抑制されモノマーと反応する速度が低下するため，重合反応の速度も低下する．この間，ラジカルが酸素により消滅し，重合の連鎖数が低下して結果的に感度の低下につながる．ラジカルの動きを阻害しないためには，T_gの低いマトリックスを選ぶか，開始ラジカルの分子サイズを小さくするかの方法を考える必要がある．現実の材料系では高分子をバインダーとするマトリックス中での反応を行う場合が多いため，単純な溶液中での光化学反応のほかにさまざまな因子の影響を受けることになる．

　Molaire[7]はT_gの異なる4種のバインダーポリマー（T_g以外の化学的性質はほぼ同じに設計）を合成し，これらのバインダーのそれぞれにアクリレートモノマーと重合開始剤を加えた4種類の異なったT_gをもつ感光層を作成した．さらに，図4.14に示す分子サイズの異なる2種類の開始ラジカルを用いて，感光層のT_gおよび開始ラジカルの分子サイズと感光層の感度の関係を具体的に示している．表4.5にはそれらのバインダーのT_gおよび，それぞれのバインダーにモノマーと重合開始剤を加えた感光層のT_gを示す．

　光重合開始剤として，ミヘラーズケトン（MK）/ベンゾフェノン（BP）二分子系，および，2-クロロチオキサントン（CTX）/p-ジメチルアミノ安息香酸エチルエステル（EDAB）二分子系の2種類を用いた．これらは図4.14に示されるような光化学反応を経て，ミヘラーズケトンラジカルとp-ジメチルアミノ安

4.1 感光性高分子

表 4.4 主な光ラジカル重合開始剤[1-3,8-10]

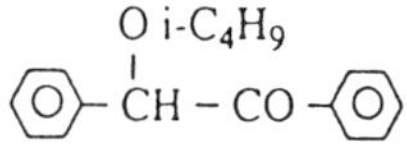

benzoin isobutyl ether

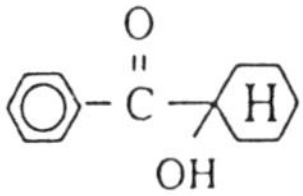

1-hydroxy-cyclohexyl-phenylketone

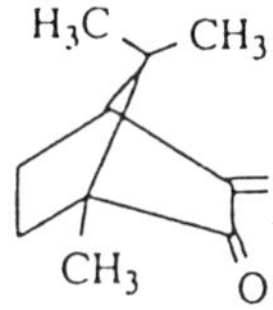

1.7.7-trimethyl-bicyclo[2.2.1] heptane-2.3-dione

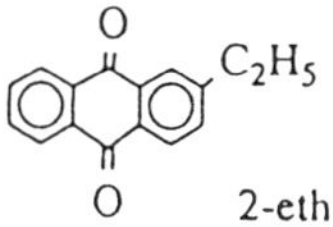

2-ethyl anthraquinone

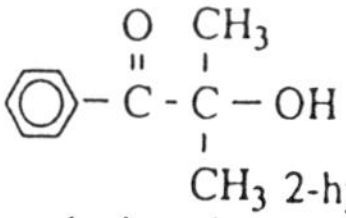

2-hydroxy-2-methyl-1-phenyl propane-1-one

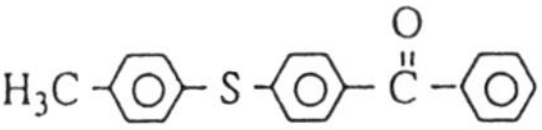

4(4-methylphenyl thio)phenyl-enethanone

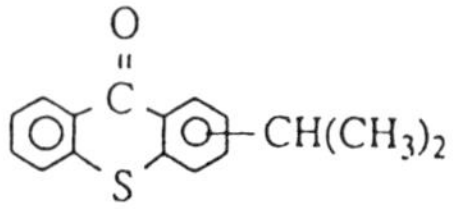

2-/4-iso propyl thioxanthone 混合物

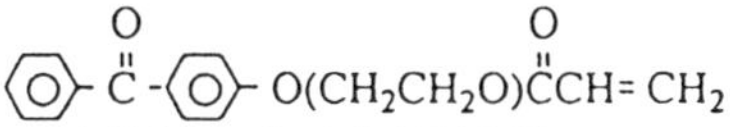

4-(1.3-acryloyl-1.4.7.10.13-penta oxatridecyl) benzophenone

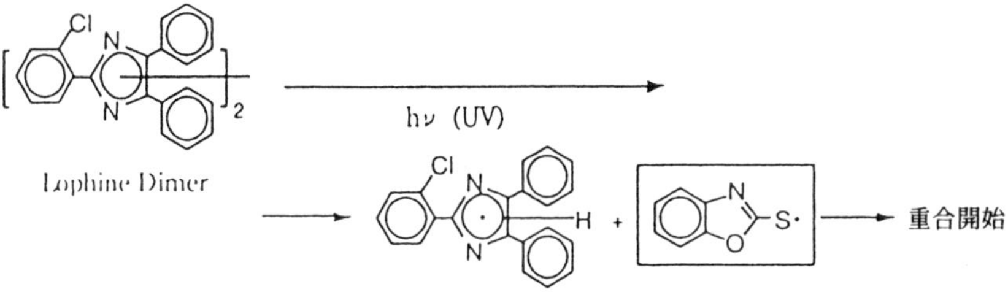

Lophine Dimer $\xrightarrow{h\nu\ (UV)}$ → 重合開始

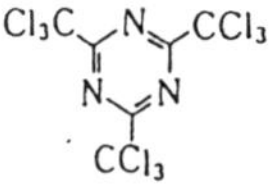

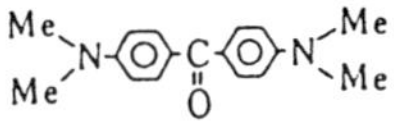

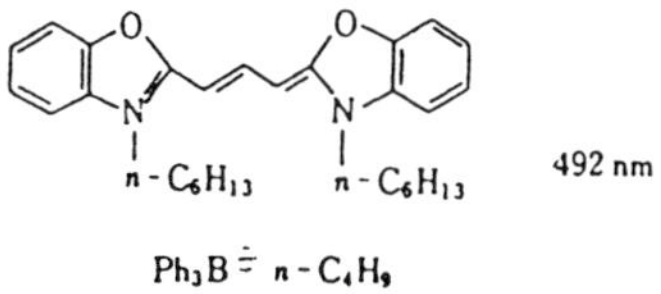

492 nm

$Ph_3B^- \cdot n\text{-}C_4H_9$

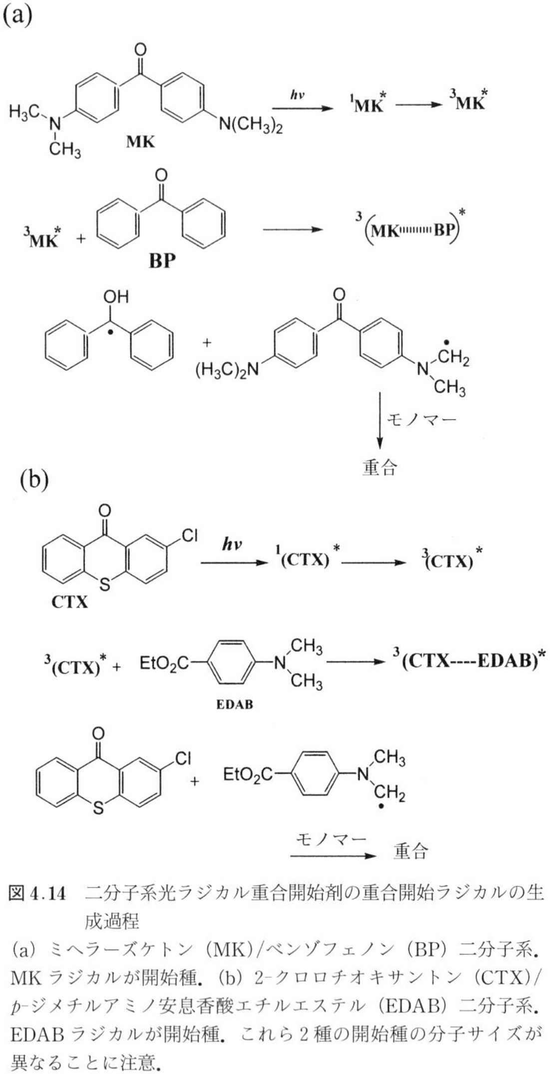

図4.14 二分子系光ラジカル重合開始剤の重合開始ラジカルの生成過程
(a) ミヘラーズケトン（MK）/ベンゾフェノン（BP）二分子系．MKラジカルが開始種．(b) 2-クロロチオキサントン（CTX）/p-ジメチルアミノ安息香酸エチルエステル（EDAB）二分子系．EDABラジカルが開始種．これら2種の開始種の分子サイズが異なることに注意．

息香酸ラジカルを生成するが，ラジカル分子のサイズは後者が前者の約半分ぐらいになる．

　表4.5に示した4種類の感光層で光硬化（重合して感光層が現像液に不溶化）の速さ（感度）を露光時の温度を変えて求めた．開始系としてCTX/EDABを使用した場合，露光時の温度が30°C，40°C，50°Cと高くなるに従い感度は高く

表 4.5 4種のガラス転移点（T_g）をもつ高分子バインダーとそれらにアクリレートモノマーと光重合開始剤を含む感光性樹脂層

バインダー	バインダーの T_g(°K)	感光膜の T_g(°K)
PIT(30)A	461(188°C)	304(31°C)
PIT(40)A	442(169°C)	302(29°C)
PIT(50)A	420(147°C)	297(24°C)
PIT(75)A	355(82°C)	282(9°C)

なる．これは，連鎖重合速度が活性化エネルギーをもつことが主な原因である．しかし，PIT(40)A，PIT(60)A，PIT(70)A と T_g の異なるそれぞれの感光層に対して各温度での感度は T_g と無関係に同一であることがわかった．

一方，開始系に MK/BP を使用して同様の感度測定を行った場合は，露光時温度を 41°C に固定したものであるが PIT(30)A，PIT(40)A，PIT(50)A，PIT(75)A と感光層の T_g との関係をみると，これらの間に強い相関がある．すなわち，感光層の T_g が高くなるに従い感度は著しく低くなることが示された．

ここで，感度は次のように定義されている．一定温度中でステップタブレットを通して露光，現像した後に感光層が不溶化した最小エネルギー（ステップタブレットの光透過率 T_r）を求め，露光時間を横軸にとり，$1/T_r$ を縦軸にとってプロットする．これらの直線の勾配，$d(1/T_r)/dt$ を感度（E_m）と定義する（式 4.23）．

$$E_m = \frac{d(1/T_r)}{dt} \tag{4.23}$$

図 4.15 のグラフのように，横軸にそれぞれの感光層の T_{gc} と露光時の温度 T との差（$T-T_{gc}$）をとり，その感度との関係をプロットした．例えば，71°C で得られた感度については，$(71-T_{gc})$ と感度の関係をプロットする．この関係から $(T-T_{gc})$ が大きいほど感度も高くなることが直接示される．さらに，図 4.16 では横軸にそれぞれの感光層の自由体積率 V_f をとり図 4.15 の結果をプロットし直したグラフを示す．V_f は感光層の自由体積率を表し，感光層のガラス転移温度における自由体積率を V_{fg} とすると，式（4.24）の関係が得られる．ここで重要なことは $(T-T_{gc})=0$ になると感度もゼロとなることである．感度がゼロということは，光で生成した重合開始種が感光層中で拡散することができないことを意味する．

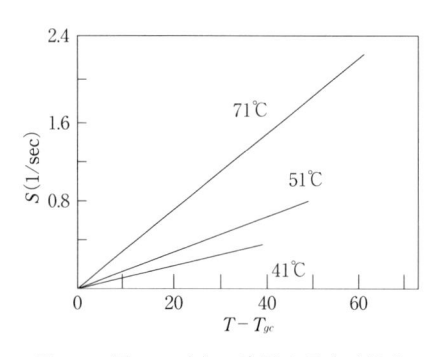

図4.15 図4.14 (b) の実験を露光時温度 51℃, 71℃で行い, 露光時温度 T と感光層の T_g の差, $(T - T_{gc})$ を横軸にとり, 縦軸の感度 S との関係をプロットしたグラフ

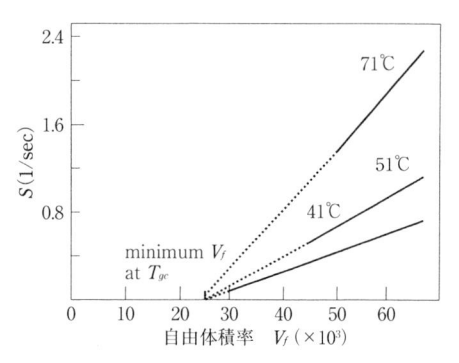

図4.16 横軸に感光層の自由体積率をとり図4.15 の値をプロットした結果

$$V_f = V_{fg} + a_0 (T - T_{gc}) \tag{4.24}$$

以上の実験は光重合開始剤として, MK/BP 二分子系開始剤を用いて行われた. この結果をまとめると開始剤系で MK/BP では感光層のガラス転移点によって感度が影響を受けるが, 開始剤系が CTX/EDAB ではその影響を受けないことが示されている. この差異は開始種(ラジカル)が MK ラジカルでは影響を受け, EDAB ラジカルでは影響を受けないことを意味している. MK ラジカルと EDAB ラジカルの分子占有体積に大きな違いがあり, 後者は前者の約半分である. その開始ラジカルの分子サイズは小さいことが感度にとって重要な因子となる.

表4.6に4種の開始系について自由体積率(ガラス転移点)の影響を比較すると, 開始ラジカルの分子サイズの影響がはっきりと示されている. また, 反対に感光層のガラス転移点が高い場合は感度が低下するか, 低温で感度をほとんど示さないことになる.

このように光重合系での感度はバインダー高分子または感光層の T_g なども含めて考察する必要があり, その場合の感度は式 (4.25) を用いて表される. マトリックス中でモノマーが重合するに従いマトリックス層は全体的に硬くなるが, これはガラス転移点が上昇することを意味し, 同時に高分子としての自由体積率が小さくなることと同義と考えられる. また, 重合が進むに従い, 架橋密度も高くなりラジカルの拡散を抑制する.

4.1 感光性高分子

表 4.6 重合開始ラジカル種の分子サイズと感光層の T_g 依存性

2分子開始剤	ラジカル種	T_g 依存性
MK/BP	(構造式)	あり
MK/EDAB	(構造式)	なし
CTX/EDAB	(構造式)	なし
CTX/PDBA	(構造式)	あり

$$E_m = A \exp\left(\frac{-E}{RT}\right)[\alpha_p(1-V_m)(T-T_{gp}) + (V_m\alpha_m)(T-T_{gm})] \quad (4.25)$$

ただし, V_f:感光層の温度 T での自由体積率, V_{fg}:感光層のガラス転移点での自由体積率, V_m:モノマーの体積分率, T_r:感光層の光透過率, E_m:感度, T_{gc}:感光層のガラス転移点, α_c:感光層の熱膨張係数過剰分, α_p:ポリマーの熱膨張係数過剰分, α_m:モノマーの熱膨張係数過剰分, T:絶対温度, T_{gp}:バインダーポリマーのガラス転移点, T_{gm}:モノマーのガラス転移点, E:活性化エネルギー, R:気体定数, A:衝突確率.

ii) 光カチオン重合と開始剤: カチオンやルイス酸によって重合するモノマーとしてエポキシ環, オキセタン環, ビニルエーテル基, またはアリル基などがよく知られている. 特に, エポキシ基を含むモノマーは図 4.17 のように光重合し実用的にも重要な材料となっている. エポキシ類の光開環重合の開始剤として芳香族ジアゾニウム, トリフェニルスルホニウム, ジフェニルヨードニウムなどの PF_6^-, および SbF_6^- 塩, 鉄-アレーン錯体などが知られている (図 4.18).

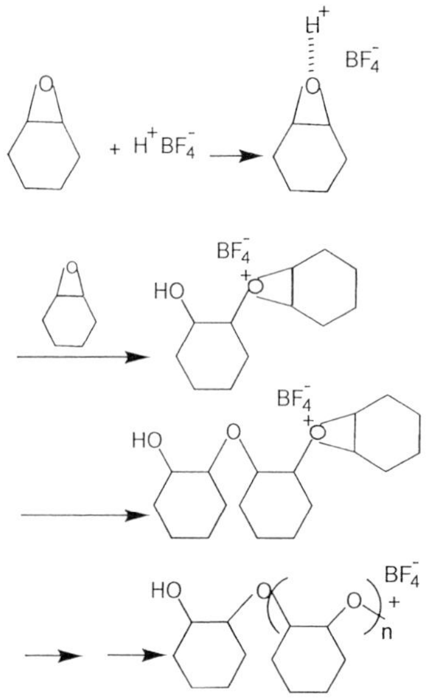

図 4.17 エポキシモノマーのルイス酸に
よる開環重合

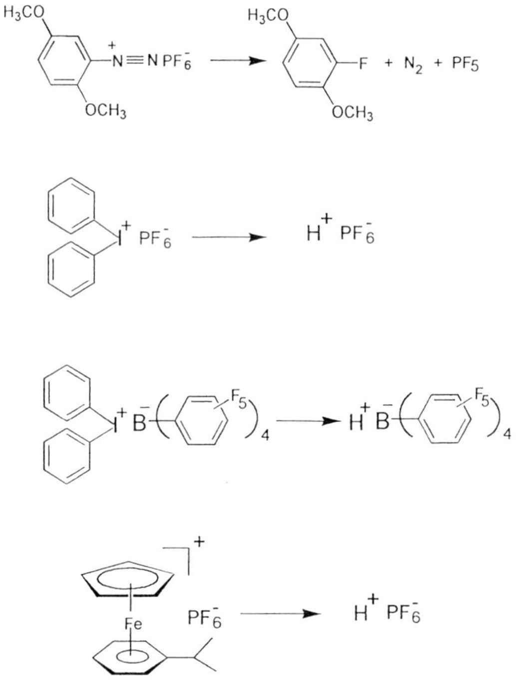

図 4.18 エポキシモノマーの光重合開始剤

　また，ビニルエーテル基などでは光でブレンステッド酸を生成する化合物が開始剤として用いることができる．このような，光によりルイス酸やブレンステッド酸を生成する化合物は，Crivello らによりオニウム塩として数多く開発されている[8-10]．また，これらオニウム化合物の強酸塩はカチオン重合開始剤のほかにも，前述の化学増幅型レジストにおける酸発生剤としても重要な物質であるため，精力的な研究が行われている．ジアリールヨードニウム塩は溶媒（SH）中で下記の機構で酸を生成すると説明されている．トリアリールスルホニウム塩，トリアリールセレノニウム塩なども類似の機構で酸を生成する．

$$Ar_2I^+ X^- + SH \longrightarrow [Ar_2I^+ X^-]^* \longrightarrow Ar-I\cdot + Ar\cdot + X^-$$
$$Ar-I\cdot + SH \longrightarrow Ar-I-H + S\cdot \longrightarrow Ar-I\cdot + H^+$$

　スルホン酸塩類も，光酸発生剤として多くの化合物が研究されている．光酸発生剤は短波長光露光用として活発に研究されているが，近紫外線や可視光線露光用の感光性高分子にも応用されている．これらの化合物を，図 4.19 にまとめて

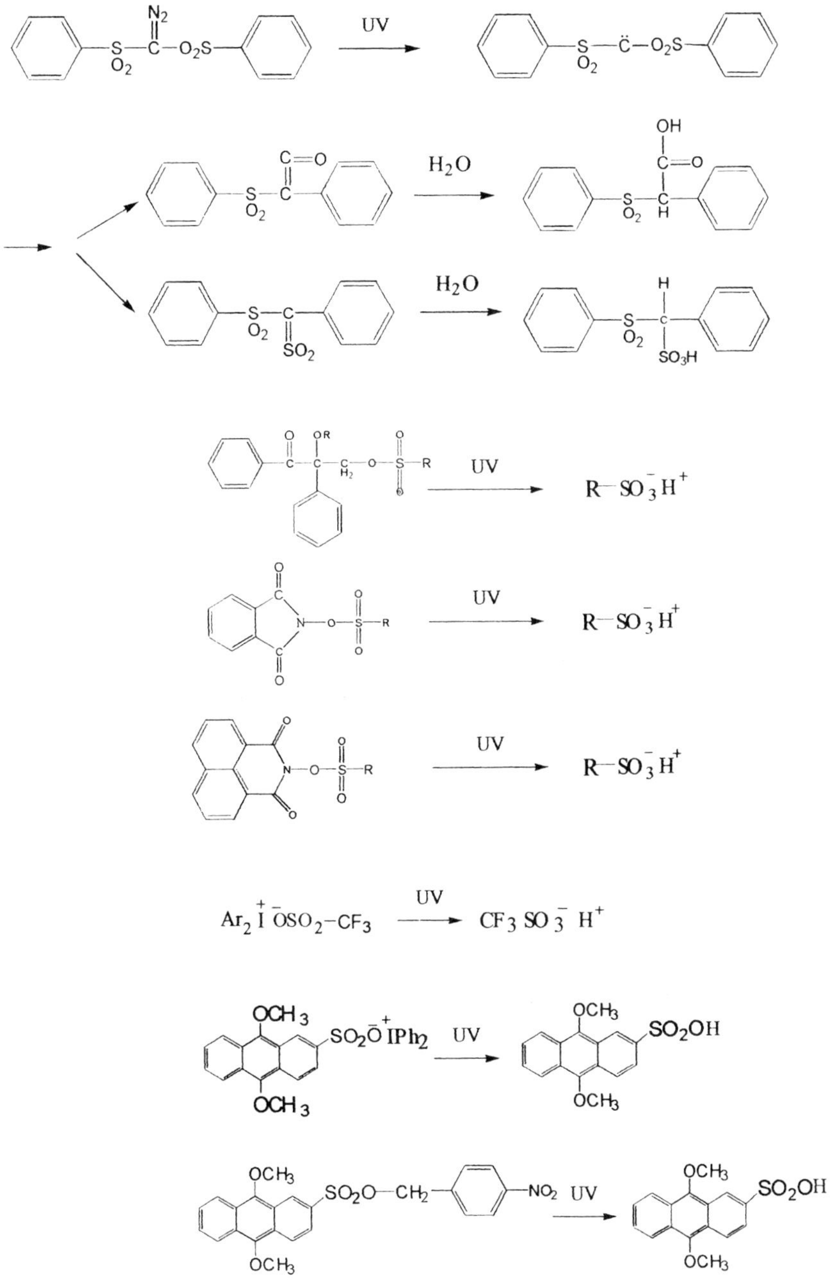

図 4.19 光酸発生剤の例

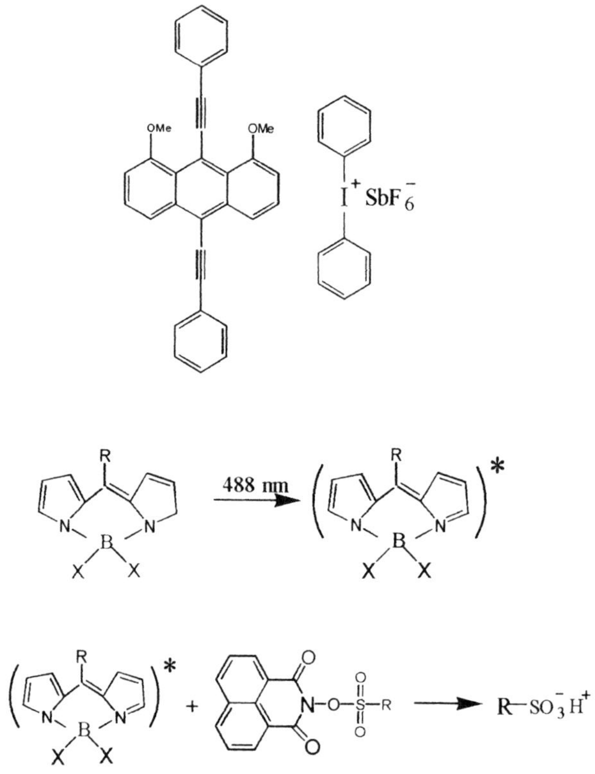

図 4.20　光酸発生剤の可視光増感色素

示す.
　また，近紫外線や可視光に感光する酸発生剤の研究も行われている．主な例を図 4.20 に紹介する．

4.1.3　感光性樹脂の評価因子

a．相対感度と測定法　フォトポリマーの場合の感度は，露光，現像などの処理を完了した後に，最初の膜が何%残っているかを測定して求める．そして，横軸に露光エネルギーを，また，縦軸に残った膜の厚さ（場合によっては重量）を表示する．また，ポジ型の場合は最初の塗布膜厚に対して現像後の膜厚を示す．ネガ型もポジ型も露光，現像，乾燥などの工程を経た後の厚みをとるために，当然支持体や表面の性質や平滑度，現像液の種類や濃度などの因子を含む相対値である．

b．感度曲線の作成　基板に塗布された比較的薄い膜が形成できるものでは感度曲線を描き，この曲線から材料としての評価を行う．下記の感度曲線は横軸に露光エネルギーを，縦軸には露光，現像後に基板に残った膜の厚さを記録する．感光性高分子では光照射により，ネガ型とポジ型で，それぞれ図4.21のような感度曲線が得られる．この感度曲線から感度（mJ/cm^2）やガンマ値（γ）を求める．

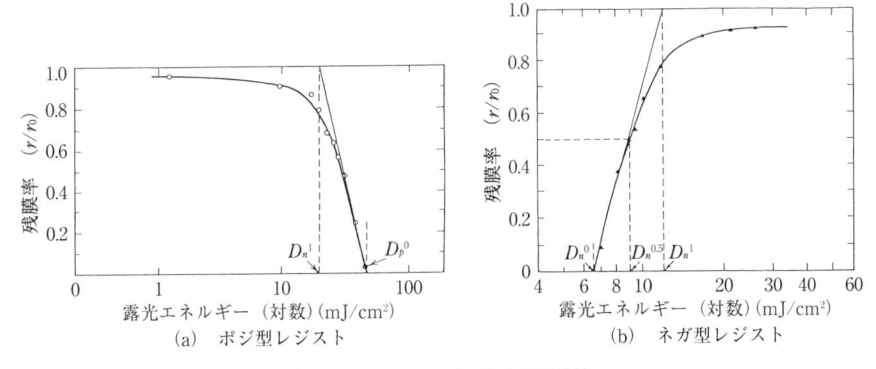

図4.21　フォトレジストの感度曲線

(a) ポジ型レジスト

(b) ネガ型レジスト

さらに，簡便なステップタブレット法も相対感度値を求めるのによく利用される．ステップタブレット法は光透過率が90～0.09％を21段階に分けたタブレットを密着して露光，現像を行い，現像後に膜が残り始めるステップの光透過率を求める．照射光強度がI_0，n番目のステップを通過した光の強度I_nは$I_0 \times T_n$であり，露光時間，tのときn番目のステップで膜が残り始めたとすると，その高分子薄膜の感度E_nは式（4.26）で表す．

$$E_n = I_0 t T_n \tag{4.26}$$

この際，I_0を mJ/cm^2 単位で表示すれば感度もこの単位で与えられる．

c．分光感度の測定　分光感度の定義は，感光材料が感光性を有する波長域とそこでの感度をいう．多くの場合は感光材料の感度（量子効率ではない）はその中に含まれる感光物質の電子スペクトルの形状と対応する．分光感度は分光写真機を用いて測定できる．原理的には光源の光を回折格子により分光し，基板に塗布した感光材料に照射して現像する．この際，感光材料の位置を動かしながら露光時間を長い方から段階的に短くして露光する．露光時間が短くなるに従い感

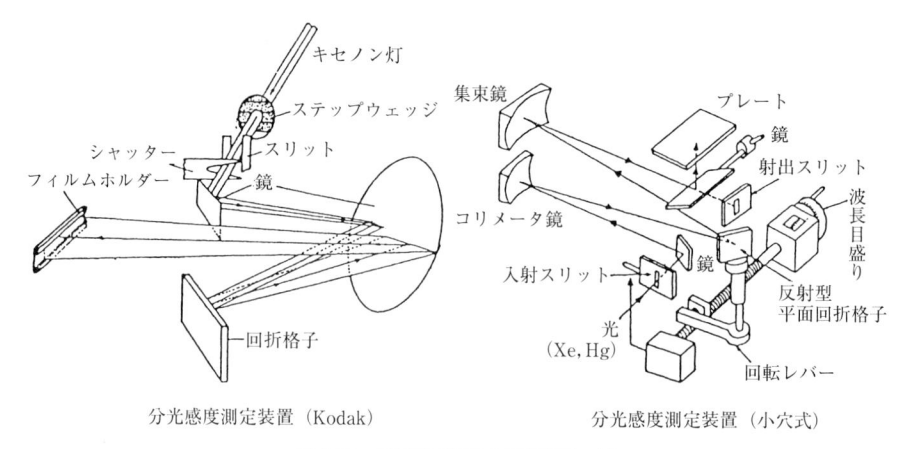

図 4.22 分光感度写真の記録装置の例

度の高い波長が最後まで感光するため，現像後山型のパターンが形成されピーク波長が最も感度が高いことを示す．

また，別の方法としてスリット幅が下から上方向に対数的に狭くなる入射スリットを用いると1回の露光で山型の感度パターンが形成される．しかし，いずれの場合も照射光自体，波長に対して強度分布を有するため，得られた分光感度パターンを波長ごとに光源の強度で補正して規格化する必要がある．この手数を省くため光源の波長ごとに自動的に照射時間を調節して露光する装置も開発されている．

4.1.4 増　　感

種々の感光物質を材料の感光素子（要素）として用いる際，材料感度の向上，すなわち増感が必要な場合がしばしばある．増感は分光増感と化学増感に分類される．前者は使用する化学物質が，本来光を吸収しない波長領域の光に感光するようにする方法，すなわち，感光波長域を広げる方法である．後者はその化学物質が感光する波長での感度を向上させる方法である．

a. 三重項-三重項エネルギー移動による増感[1]　　けい皮酸の光二量化反応の分光感度を観測するにあたり，その電子スペクトルは図4.23のように270 nm付近に吸収ピークを示し，330 nm付近までしか吸収を示さない．したがって，けい皮酸が反応するためにはこのスペクトルで吸収を有する波長域の光を照射，吸収させなければならないことはいうまでもない．

4.1 感光性高分子

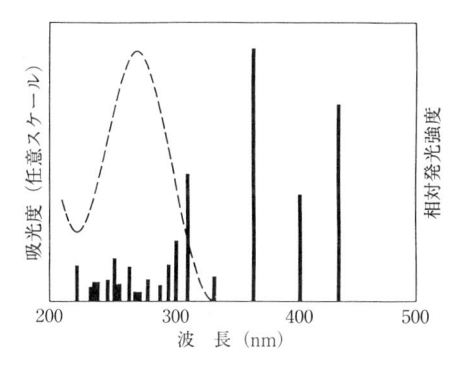

図4.23 ポリ（けい皮酸ビニル）の吸収（電子）スペクトル（破線）と中圧水銀ランプの発光波長と相対強度

　しかし，実際に使用する場合はガラス板やフィルムを通して露光するため短波長光はカットされ，365～436 nm の光で露光しなければならないことが一般的である．そのため，増感剤を添加しこれら長波長光で反応するように設計する．いくつかの増感機構があるが，けい皮酸エステルの二量化反応は励起三重項状態から起こることがわかっている．図4.24に増感機構の原埋を示すが，色素として最低励起三重項がけい皮酸エステルのそれより低く，三重項エネルギーはけい皮酸エステルのそれより高いエネルギーを有する色素が増感剤としての可能性がある．図4.25は分光感度を示し，270～300 nm 付近と 400 nm 付近に二つの山がある．短波長側はけい皮酸自体の感度であり，長波長側は増感剤による感度を示している．縦軸は相対感度を示す．

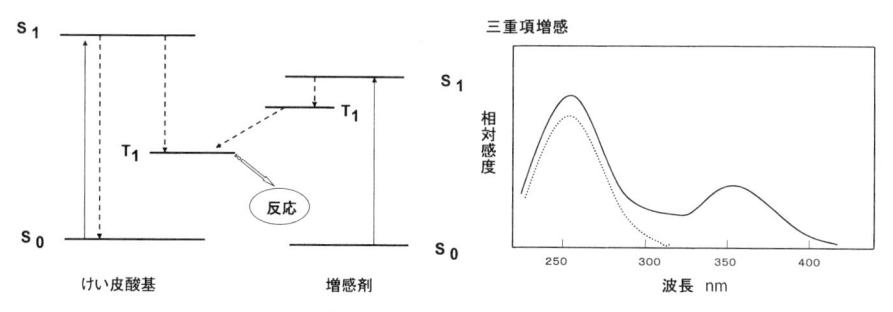

図4.24 三重項-三重項エネルギー移動による分光増感のモデル

図4.25 三重項増感剤を加えたポリ（けい皮酸ビニル）の分光感度

$$S \xrightarrow{h\nu} {}^1S^* \qquad (4.27)$$

$$^1S^* \longrightarrow {}^3S^* \qquad (4.28)$$

$$^3S^* + C \longrightarrow S + {}^3C^* \qquad (4.29)$$

$$^3C^* \longrightarrow P \qquad (4.30)$$

増感剤の励起三重項状態から基質(増感される物質)の励起三重項状態へのエネルギー移動の効率(E_f)は式(4.31)で表され,k_q(エネルギー移動の速度定数)および[A](基質の濃度)が等しい場合は増感剤の励起三重項状態の寿命 τ_t が長い方が効率が高くなる.

また,式(4.32)によりエネルギーのドナーとアクセプターの三重項エネルギー間の差を ΔE_T とすると,$\Delta \log k_q$ は ΔE_T に対してほぼ直線が得られる.三重項エネルギーのアクセプターを一定にして三重項エネルギーの異なる増感剤を変化させてゆくと,増感しなくなるエネルギーからアクセプターの三重項エネルギーを求めることができる.

$$E_f = \frac{k_q \tau_t [A]}{1 + k_q \tau_t [A]} \qquad (4.31)$$

$$\frac{\Delta \log k_q}{\Delta E_T} = \frac{1}{2.3RT} \qquad (4.32)$$

b. 電子移動による増感[1,2,8-10]　増感剤と基質で増感剤を光励起することにより図4.26に示されるように増感剤の励起状態(一重項あるいは三重項励起状態)で増感剤から基質へ,また基質から増感剤への電子移動が生じる.そして,電子移動が起こる結果,基質が分解あるいは反応を起こす機構を利用する増感方法である.

増感剤から基質への電子移動は移動に伴う系の自由エネルギー変化 ΔG が低

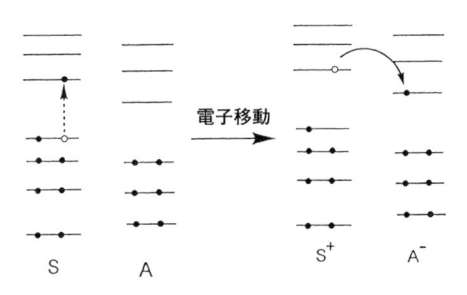

図4.26　励起状態からの電子移動のモデル

いほど高い効率を示す．Rhem-Weller に従えば，ΔG が $-5\,\mathrm{kcal/mol}$ より低い場合，電子移動は拡散律速で自発的に起こる (Rehm, D., Weller, A.: *Israel J. Chem.*, 8, 259, 1970)．希薄溶液中では励起状態の寿命が長い三重項励起状態の方が高い効率を示すことが多い．電子移動に伴う自由エネルギー変化 ΔG は式 (4.33) で近似される．

$$\Delta G(\mathrm{kcal/mol}) = 23.06[E_{1/2}^{\mathrm{Ox}}(\mathrm{D/D^+}) - E_{1/2}^{\mathrm{Red}}(\mathrm{A^-/A})] - E_1^* - C \quad (4.33)$$

ここで，$E_{1/2}^{\mathrm{Ox}}(\mathrm{D/D^+})$ は電子ドナー (S) の酸化電位，$E_{1/2}^{\mathrm{Red}}(\mathrm{A^-/A})$ は電子アクセプター (A) の還元電位，E^* は電子ドナーの最低励起エネルギーを表す．

表 4.7 可視光に感光する開始剤の例

4.1.5 可視光への増感

　光重合型感光層を例にとると，プレポリマーは感度と光硬化した樹脂の物理的および機械的な特性に，また，開始剤は感光波長と感度を支配する．特に感光波長は開始剤の感光波長，通常開始剤の吸収スペクトルに依存する．例えば，365 nm の光で露光する場合はこの波長に吸収をもつ開始剤を用いることはいうまでもない．また，可視光レーザで露光する場合はレーザ光の波長（アルゴンイオンレーザでは 488 nm，514.5 nm）を吸収する開始剤が必要になる．単独で可視光を吸収する開始剤も種々開発されているが，ラジカル，あるいはカチオン発生剤と増感色素とを組み合わせる二分子系を用いる場合も多い．光カチオン重合系の樹脂を可視光で反応させるためには 400〜700 nm の波長光で酸を発生する化合物が必要になる．紫外線のみに感光する酸発生剤は数多く存在するので，これを色素で増感する二分子系タイプがよく用いられる．可視光領域に感光性を有する光ラジカル重合および光カチオン重合開始剤について主な例を表 4.7 に紹介する．開始剤は感度のほか，プリント配線板のような金属銅と接触して感光層の寿命に影響を与えるものや，逆に金属銅表面との接着性を改善するものもある．また，感光層が薄膜の場合と厚膜の場合では，それぞれに応じて分子吸光係数を選択することが必要である．感光層が厚い場合は照射光がなるべく底辺まで到達するような設計が行われなければならない．図 4.27 に示すように露光波長，λ nm での開始剤の分子吸光係数，ε_λ，開始剤の濃度，$[c]$ が大きすぎると光が底辺まで十分に届かないことになる．

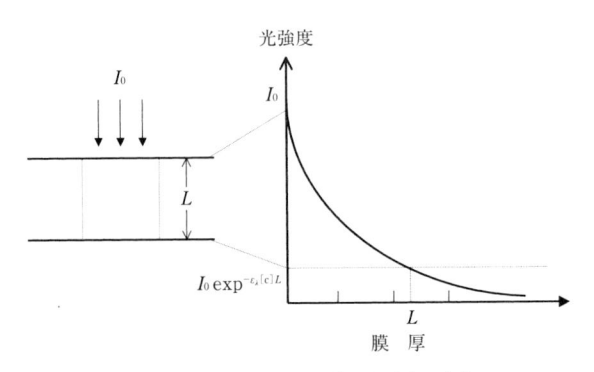

図 4.27 感光層の厚み方向の光強度の変化

4.1.6 超微細光加工への応用[5)]

フォトポリマーの微細加工への応用としては，光照射による屈折率の変化を用いるホログラム，光透過率の変化を用いる記録材料など個々に取り上げるには例が多すぎる．最も身近なものとして，半導体素子やディスプレイの作製は光により溶解性が変化する高分子であるフォトレジストの応用である．フォトレジストは高分子薄膜を必要部分に形成させることにより，その部分をエッチング，メッキ，蒸着などから保護するさまざまな微細加工の工程で使われている．最近の微細加工は遠紫外線の波長と同等または同等以下の線幅を作製する．したがって，マスクを通して露光すると光のフレネル回折が生じてマスクに忠実なパターン形成ができない．回折を加味した光学像の解像度（R）と焦点深度（DOF）は式(4.29) および (4.30) で表される．ここで，λ は光源の波長，NA は光源の光学系のレンズの開口数，R は解像度，DOF は焦点深度数を示す．

$$R = k_1 \left(\frac{\lambda}{NA}\right) \quad (4.34)$$

$$DOF = k_2 \left(\frac{\lambda}{NA^2}\right) \quad (4.35)$$

式 (4.34) から高解像度化のためには，レンズの NA を大きくする方法と波長を短くする方法がある．前者では NA を大きくすると，式 (4.35) により焦点深度が浅くなりレジスト層の厚みの違いなどによるピンボケの可能性が大きくなる．したがって，波長を短くする方法が選択されている．表 4.8 に解像度の変遷とそれに伴うレジスト材料の対応をまとめて示す．現在は KrF リソグラフィー（光源として KrF エキシマレーザの 248 nm を用いる）が主流であるが ArF (193 nm) リソグラフィーも生産ラインに組み込まれている．研究レベルでは F_2

表 4.8 DRAM メモリ数をパラメータとする微細加工の推移

メモリ数	16 M	64 M	256 M	1 G	4 G	16 G	
最小寸法 (nm)	0.35	0.30	0.25	0.18	0.13	0.10	
光源 (nm)	g/i-線	i-線	KrF	KrF/ArF	ArF	F_2	X-線
波長 (nm)	436/365	365	248	248/193	193	157	13
レジスト	o-NQD/ノボラック	o-NQD/ノボラック	Blocked PHS/PAG	脂環式アクリレートポリマー	脂環式アクリレートポリマー	フッ素化脂環式アクリレートポリマー	

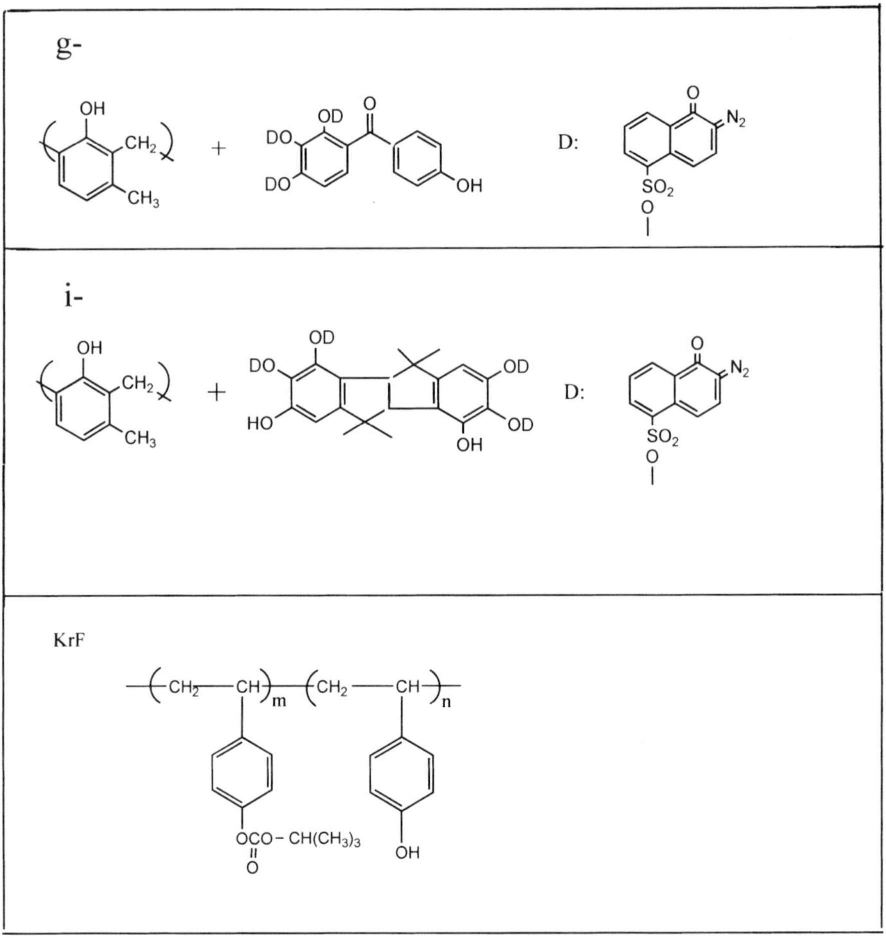

図 4.28

エキシマレーザの 157 nm 光の使用が検討されている．さらに，13 nm の X 線を用いる EUV リソグラフィーの実験も行われている．図 4.28 に各波長の光に対して使用されるレジストの例をまとめて示す．

　i) g-線およびi-線リソグラフィー： g-線は水銀ランプの 436 nm の輝線を使う方法で表 4.8 によれば 0.50 μm の解像度，DRAM では 16 Mbit まで使用されていた．ポジ型としてはクレゾール型ノボラック樹脂に下記の構造の o-NQD が使用される．o-NQD をテトラヒドロキシベンゾフェノン（THBP）の

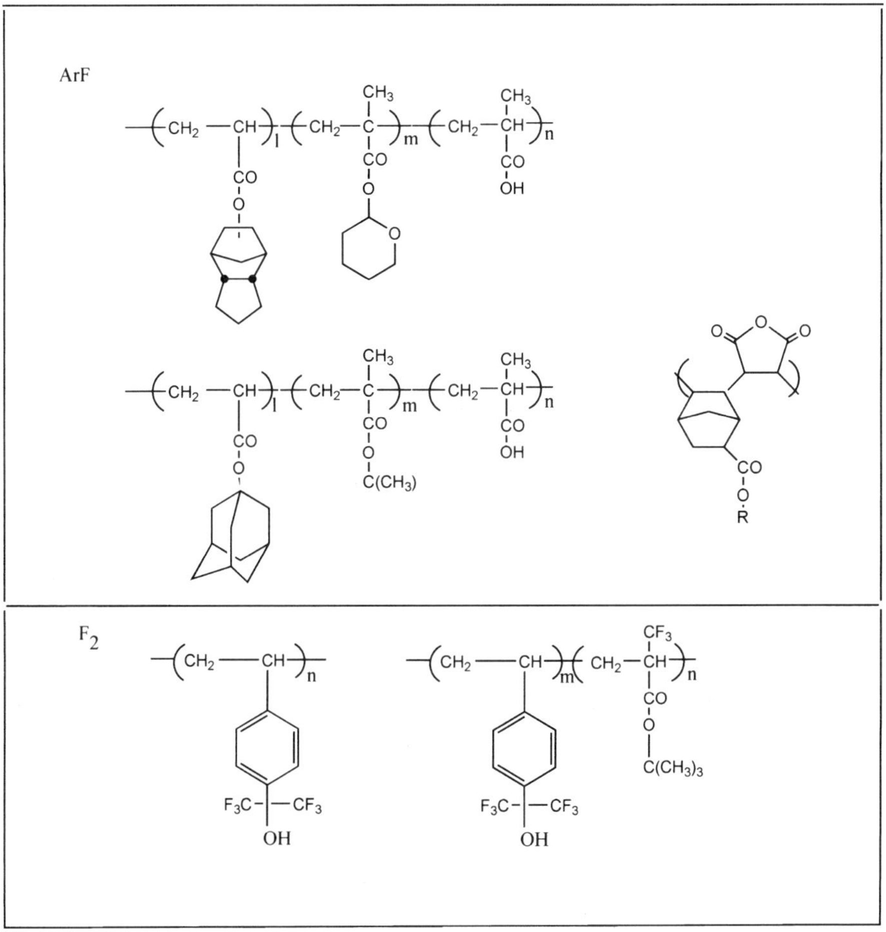

図 4.28 （つづき）

水酸基に，エステル化により 2〜4 モル導入したものの混合物をノボラック樹脂に加えて使用する．高解像度を得るためにはノボラック樹脂の選択が重要な要因になる．前述（図 4.6 参照）の機構に従ってポジパターンが形成される．

　i-線用には，光源波長が 365 nm で g-線より短く THBP の吸収が無視できないため，365 nm に吸収の低い基質が使用される．例として図 4.28 の物質などが報告されている．

　これらの o-NQD がノボラック樹脂の水酸基などとコンプレックス形成によ

り，溶解抑制が生じ，露光により形成されるインデンカルボン酸が反対に促進作用を示してパターン形成が行われる．ノボラック樹脂はフェノールやクレゾール，またこれらの混合体を縮合したもの，分子量が異なるものなどが数多く存在する．高解像度パターンを得るためにはこれらノボラック樹脂から慎重な選択がなされている．

ⅱ）248 nm リソグラフィー： パターン幅が 0.3 μm より狭くなると，光源として KrF エキシマレーザの 248 nm 光を用いる．しかし，レジストとして，上記の i-線用はノボラック樹脂が 248 nm に強い吸収をもつために使用できなくなった．そこで，従来のフォトレジストとは材料と反応機構の異なる新しいレジストが使われる．これは，化学増幅型レジスト（前述）と呼ばれている．フェノール骨格を有しアルカリ水溶液で現像可能な高分子として，ポリ（p-ヒドロキシスチレン）が使用される．

これは 248 nm の波長に対し吸収が小さいことによる．IBM 社の H. Ito と C. G. Willson らが図 4.29 の機構でポジパターンが形成できるレジストを考案した[5]．ポリ（p-ヒドロキシスチレン）の水酸基を tert-ブトキシカルボニル基で保護したポリマーに光酸発生剤（photoacid generator）を加えて露光する．露光後，加熱処理を行う（post exposure bake；PEB）と露光で生じた酸が加熱工程で保護基をはずし水酸基が復元され，アルカリ現像液に可溶性となる．この際，酸は繰り返し作用するため，露光したフォトン数より多くの保護基をはずし，この部分が増幅過程になる．露光により発生する酸はレジスト層の深さ方向に分布を有するが，得られたパターンはほぼ垂直なプロファイルをもつ点ですぐれている．

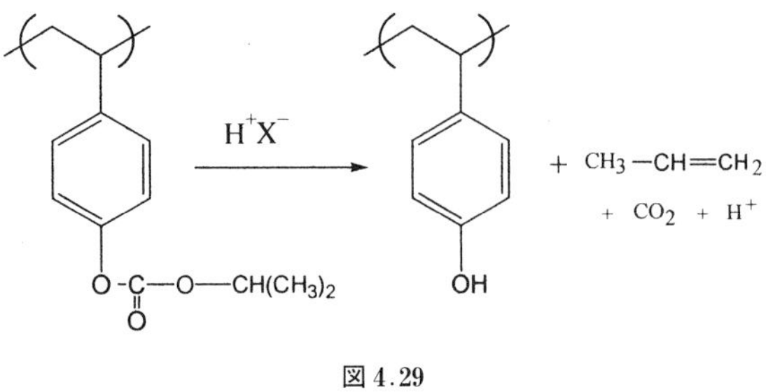

図 4.29

ⅲ）193 nm リソグラフィー： パターン線幅が 0.2 μm レベルになると，248 nm よりさらに波長の短い ArF エキシマレーザの 193 nm の光が使用され

40 nm 孤立ライン

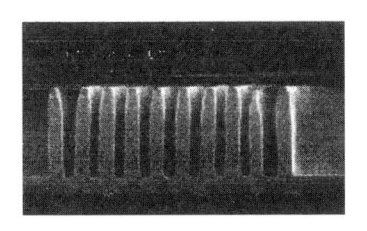

90 nm ラインスペース

図 4.30 193 nm で形成された 40 nm 孤立ラインと 90 nm L & S（ライン & スペース）のパターン（写真提供：ASET 森 重恭）

る．193 nm 用のレジストについては，248 nm と本質的に異なった問題を克服しなければならなかった．それは 193 nm の光に高い透過率を有し，かつ，後工程の半導体作製で行われるプラズマ処理に耐性をもつという，相反する性質をあわせもつレジストが要求される．芳香環が含まれているとプラズマエッチング耐性は大きくなるが，193 nm の波長に強い吸収を有するため，芳香族を導入できない．

芳香族グループを含まずプラズマエッチング耐性を有するポリマーとして，ポリマーの主鎖にラダー構造をもたせる方法，芳香環の代わりに脂環式構造を導入して，単位体積に多くの共有結合を存在させる（原子密度を高くする）こと，などが検討された．従来はレジストパターンの厚みとして 1 μm 程度必要であったが，最近は薄いレジスト膜厚でも作製できるプロセス技術が導入されている．したがって，材料とプロセス技術の両面からの歩み寄りで困難をのりこえたことになる．193 nm 光で形成した超微細パターン，40 nm 孤立パターンと 90 nm L & S パターンを図 4.30 に示す．

iv）157 nm リソグラフィー： 193 nm の次に F_2 エキシマレーザの 157 nm の波長で露光する研究が行われている．この波長に対して高い透過率をもつ高分子レジスト材料の分子設計はさらに困難な課題である．この波長に対しては脂環式グループの導入だけでは解決しない．しかし，脂環式高分子をベースにフッ素原子を導入することにより透過率が高くなることがわかり，フッ素原子やパーフロロメチル基の導入位置や導入率と透過率の関係などから地道な研究が行われている．また，157 nm 付近でベンゼン環の吸収が低下することもわかり芳香族を

v) EUV リソグラフィー： 13 nm 光（軟 X 線領域）照射による EUV リソグラフィーは，50 nm より微細なパターンを得るのに不可欠な技術といわれる．露光波長が短いため回折の影響による解像度の低下が小さいことが大きな利点である．また，レジストとしても上述の KrF エキシマレーザ用の芳香族を含むポリマーを使用できることも示唆されている．森らは KrF エキシマレーザリソグラフィー用の化学増幅型フォトレジストに 13 nm 光を照射し，その感度に

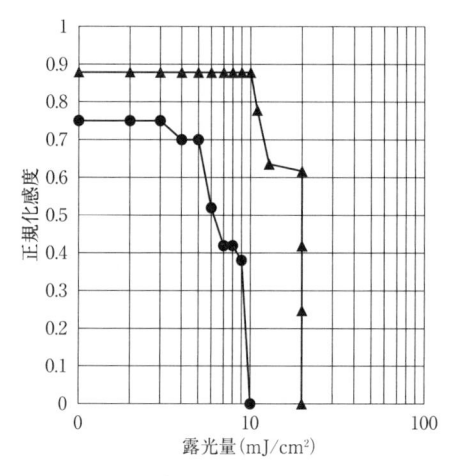

図 4.31 KrF リソグラフィー用のフォトレジストについて 13 nm 光 (-▲-) と KrF 光 (-●-) に対する感度の比較

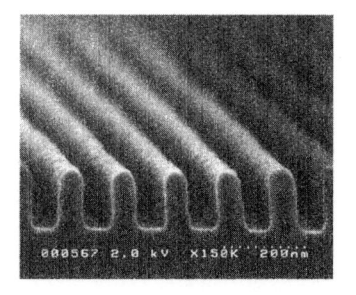

図 4.32 180 nm の膜厚による 70 nm の L & S パターンの形成例（写真提供：ASET 岡崎信次）
露光条件　NA：0.147，露光量：15 mJ/cm^2，σ：0.01.

ついて KrF 露光時との相違を検討している．その結果，図 4.31 に示されるように 13 nm での感度は KrF エキシマレーザ露光時よりも高感度であり，γ 値も十分高い値を示す．岡崎らは図 4.32 の SEM（走査型電子顕微鏡）写真に示されるように，180 nm の膜厚で 70 nm の L＆S パターンを形成している．

4.2 高分子と光導電性

　高分子化合物は通常電導度が低く電気絶縁用に使用されている．しかし，その高分子化合物も分子構造や添加剤の使用により導電性になるものが多い．電荷をもつ粒子があり，これに電界を与えると電場方向または電場と逆方向に加速される現象を導電性といっている．したがって，導電性をもつためには荷電粒子の存在が必要で，この荷電粒子はキャリアーといわれる．原子や分子が集合し結晶を形成した場合，あるいは原子や分子が集合して強い相互作用を示す状態になると導電性が発生する可能性が生じる．

　原子は核の周囲に電子が在存するが，原子が単独で存在し外部からの影響がない場合，電子は原子軌道に収まっている．原子は核の電価数と等しい数の電子が原子軌道のエネルギーの低い順に入る．原子軌道で電子が入った軌道を被占軌道，電子が入っていない軌道を空軌道という．金属原子が集合した状態では個々の原子軌道は相互作用の大きさに従い個性を失い集合体としての軌道に変化してゆく．

　図 4.33 には，ある原子の 1s 軌道と 2s 軌道を考え，12 個の原子が規則的に配列，または，凝集しているとき，原子間距離に対して 1s と 2s 軌道のエネルギーの変化を定性的に示している．12 個の原子が離れていて相互作用が無視できる場合は 12 の 1s と 2s 軌道がそれぞれの軌道エネルギーをもって存在するが，原子間距離が短くなると，1s と 2s 軌道はそれぞれ 12 のエネルギーの異なるレベルに分裂してゆく．そして，その分裂幅が狭い場合は軌道間のエネルギー差は室温の熱エネルギーなみになる．2s 軌道も同様に相互作用し，あるエネルギー幅をもつバンドを形成するようになる．最もよく知られているのは金属であることはいうまでもないが，その導電性の機構は次のように説明される．金属では価電子バンドと空軌道から生じる導電性バンドが接近しギャップは狭く，常温でも電子は熱的に導電性バンドに励起され導電性が生じる．これらの場合は励起電子がキャリアーになり導電性が生じる．このギャップの大きさで導電体，半導

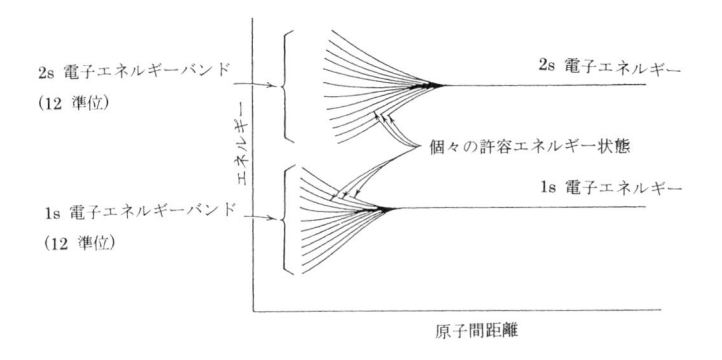

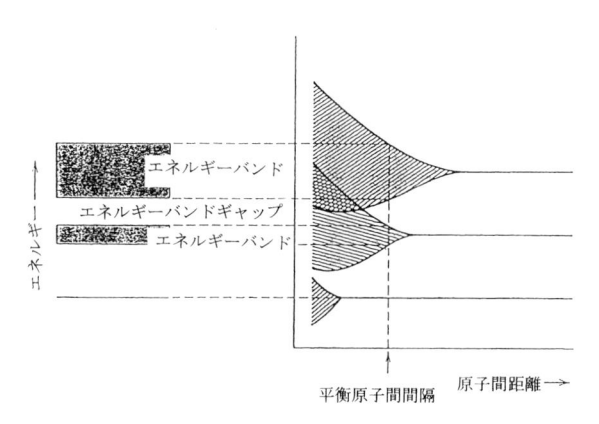

図 4.33 原子軌道間の相互作用によるバンド構造形成のモデル（文献 14），p 594，図 19.4 より）

体，絶縁体に分かれる．

　高分子化合物でポリエチレン，ポリスチレンなどは一般的によく知られているように絶縁性である．これらの線状高分子化合物は分子が糸状でランダムに絡み合っているため，バンド構造を形成しにくいこともあるが，これは絶対的ではない．ただ通常はバンドギャップが大きいことや，キャリアーとなる電子の熱励起が生じるバンドギャップを狭くできないなどの原因が考えられる．しかし，高分子化合物もそれらの分子構造により導電性を有するものが見出され，現在では多くの導電性高分子が開発されている．高分子の導電性の機構についてはその分子構造から分類されている．よく知られているのはポリアセチレン，ポリアニリン，ポリチオフェン，複素環ポリマー，ポリフタロシアニンなどである．これら

は，高分子主鎖に長い共役系を有する．ポリアセチレンを例にとると π 電子共役系が長く π 電子は主鎖に沿って移動できるが，それでもバンド理論が適用できるほどではない．主鎖に π 電子共役系をもつ高分子は，電子を受容しやすい化合物の I_2 や $AsPF_6$ などをドーピングするとその導電性は著しく向上することが知られている．

これに対してポリアセチレンは電子受容性，または電子供与性の化合物をドーピングするごとに，中性，または荷電ソリトン，ポーラロンが形成され，これらの導電性の寄与が大きいと考えられている．また，ポリフタロシアニンのように比較的面積の広い平面構造をもち，平面に垂直方向に π 電子共役系の軌道を有

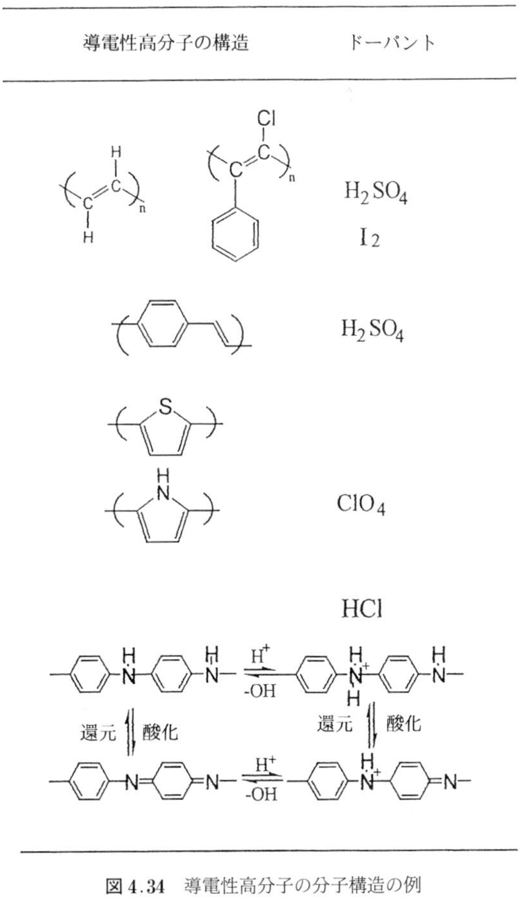

導電性高分子の構造	ドーパント
(ポリアセチレン) (ポリ塩化ビニル系)	H_2SO_4 I_2
(ポリフェニレンビニレン)	H_2SO_4
(ポリチオフェン)	
(ポリピロール)	ClO_4
(ポリアニリン)	HCl

図 4.34 導電性高分子の分子構造の例

し，これが中心金属と配位子を介して重なった構造を形成しており，π電子がキャリアーとなって導電性を発生するといわれている．

光導電性高分子

セレン，酸化亜鉛，酸化チタン，硫化カドミウムなどの金属や金属酸化物が光照射により導電性を示すことはかなり以前から知られていたが，その後，有機高分子化合物や高分子に分散された有機化合物の中にもこのような光照射で導電性が増大するものが数多く見出されている．高分子化合物はフィルム化や成形性などにすぐれていることが特徴であり，このような物質が光導電性をもつと応用面で大変重要なことになる．

光導電の基本過程は光励起，電子移動，電荷分離，電荷の移動，電極からの出力という一連の流れであるが，光物理機構によるものと光化学機構によるものに大きく分類される．

有機半導体（organic photoconductor；OPC）を高分子バインダーに分散する単層型で高感度化することから始まった．高分子としては，ポリビニルカルバゾール（polyvinyl carbazol），ポリピロール，ポリアセチレンなどの電子供与性セグメントを含むタイプのものがよい特性を示す．

光導電性を示すといわれるポリマーの薄膜に光照射を行うと，ポリマー中でイオン化が生じカチオン種と電子の対が生じる．このままでは電子がカチオンに捕獲（逆電子移動）されてもとに戻るが，ポリマー薄膜を一方が透明な電極にはさんで，電圧をかけた状態，あるいは，ポリマー表面に静電荷を与え帯電させた状態で光照射すると，イオン化した電子とカチオン種の静電荷（正孔）がそれぞれ，プラス側とマイナス側に移動する．言い換えると，光照射により電子-正孔の電荷分離が起こり，電極，あるいは帯電表面で中和される．電子と正孔がキャリアーとなり導電性が生じることになる．電導度の大きさは，光によるイオン化（キャリアー生成）の量子効率，キャリアーの寿命，キャリアーの移動度（モビリティー）などに依存する．

研究が進むうちに種々の有機物や有機高分子で，キャリアー生成の量子効率は高いが，モビリティーがあまり高くないもの，あるいはその逆の性質をもつ物質などが見出されてきた．そこで，光でキャリアー生成の効率が高い物質と，キャリアーを輸送する物質を組み合わせて用いる機能分離型が主流になってきた．

ポリビニルカルバゾール（PVK）の膜表面にシアニン色素，ベンゾピリリウ

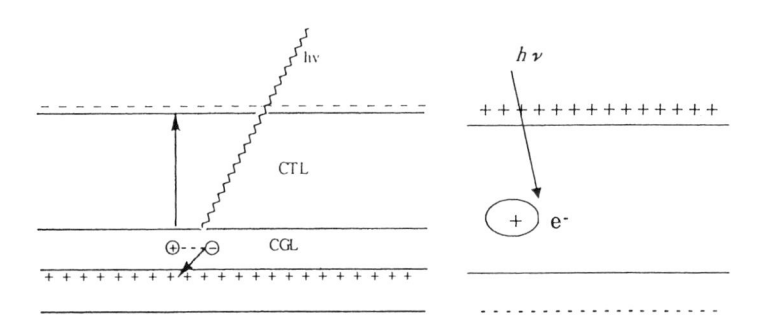

図 4.35 光イオン化と電荷分離

表 4.9 有機光半導体高分子の例[13]

ム塩などの薄膜を積層する機能分離型が初期にはよく知られていた．これは，シアニン色素，ベンゾピリリウム塩が光照射により電荷分離を行う層（CGL）として，PVK を電荷を輸送する層（charge transfer layer；CTL）として積層塗

布する．光照射によるCGLで電荷が発生し，正電荷がCTL層を通して表面へ移動し表面電荷が消滅する．有機光導電体へ応用されている主な化合物を表4.9にまとめて示す．

4.3 高分子の光起電力[3]

n型半導体とp型半導体，半導体と金属，または半導体と電解質溶液がその界面を共通に接触している場合，光吸収により電位差，すなわち起電力が生じる可能性がある．

一方，バンド構造を形成していない高分子化合物や有機色素においても光起電力が生じることがある．光照射によりキャリアーを生成する高分子や有機化合物は光起電力を発生させることから光電池への応用が研究されている．原理的には光導電性と共通点があるが電荷分離性が高く，キャリアーの易動度など効率をいかに高くできるかが鍵となる．

ポリアセチレンに電子受容性の化合物をドープした高分子膜に光照射した場合，局所的に電子移動が生じる．そのままでは再結合により戻ってしまうが，負電荷と正電荷を引き離す必要があり，この過程を電荷分離という．電荷分離の方法としてはpn接合やショットキー接合を形成させる方法がある．ここで取り上げたポリアセチレンの場合は，ドープする物質（ドーパント）の電子供与性（ドナー）および電子受容性（アクセプター）により，それぞれ，p型およびn型半導体の性質をもつ．図4.36に示されるようにガラス基板に透明電極をつけ，この表面にn型半導体層，p型半導体層を積層し，ガラス面から光照射することにより起電力を発生させることができる．

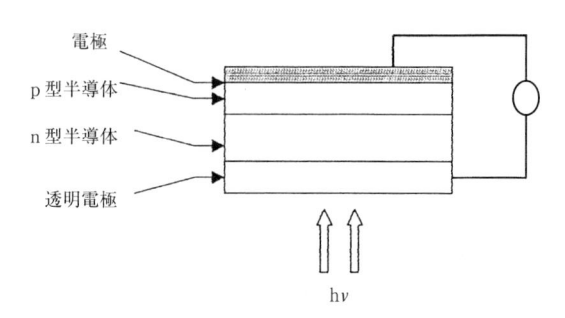

図4.36 n型およびp型半導体を積層した光起電力のモデル

4.3 高分子の光起電力

初期にはポリ（ビニルカルバゾールやポリ（フッ化ビニリデン））などの高分子に銅フタロシアニンや金属テトラフェニルポルフィリンを分散してアルミニウム表面に塗布したショットキー接合型の光電池が検討された．最近の高効率型では銅ブタロシアニンとベンズイミダゾール，ペリレンを ITO ガラスと銀電極ではさんだものが高い効率を示すことがわかってきた．

例として，3種類の化合物，D，A および P が共存している系を考える．ここで，D は電子を放出しやすい化合物（ドナー），A は電子を受容しやすい化合物（アクセプター），また，P は光吸収して励起状態で条件により電子を放出，あるいは受容する化合物である．このような系に光照射すると起電力が発生する場合があるが，そのプロセスは次のように考えられている．

$$P+D+A \xrightarrow{光} P^*+D+A \longrightarrow P^++e^-+D+A$$
$$\longrightarrow P^++D+A^- \longrightarrow P+D^++A^-$$

図示すると図 4.37 のように，光照射で P 分子が励起され電子を A 分子に与える．続いて，D 分子から電子が P 分子に移動して，D^+ と A^- が生成する．A と電極間の反応により電子は電極に移動する．このプロセスを繰り返して電位差が生じる．

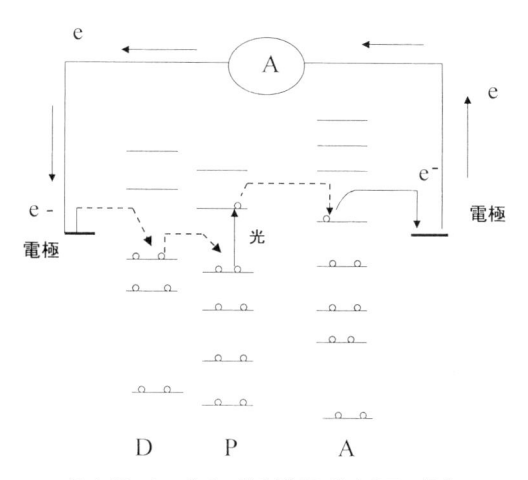

図 4.37 キャリアー注入型 EL 発光素子の構造

4.4 エレクトロルミネッセンス材料[3]

エレクトロルミネッセンス材料は，電場を与えることにより発光する無機および有機物質は多く見出されており，エレクトロケミカルルミネッセンス，あるいはエレクトロルミネッセンス（EL）といわれている．真性 EL と注入型 EL に分類されるが，近年，薄膜形成技術が進歩したことにより有機化合物，また有機金属化合物の薄膜を用いる注入型 EL に関心が高まり，効率の高い物質が開発されている．光励起で蛍光を発生する多環芳香族炭化水素やヘテロ環化合物，有機金属錯体などは EL を示す可能性が高い．従来の半導体タイプに比べると，青色から赤色まで原理的に任意の色の光が得られる点で期待が高い．それは有機色素

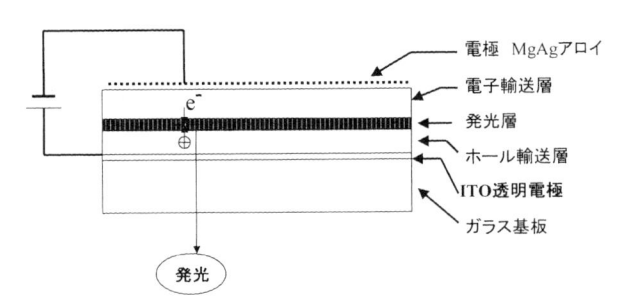

図 4.38 3 成分型 EL 発光素子の機構モデル

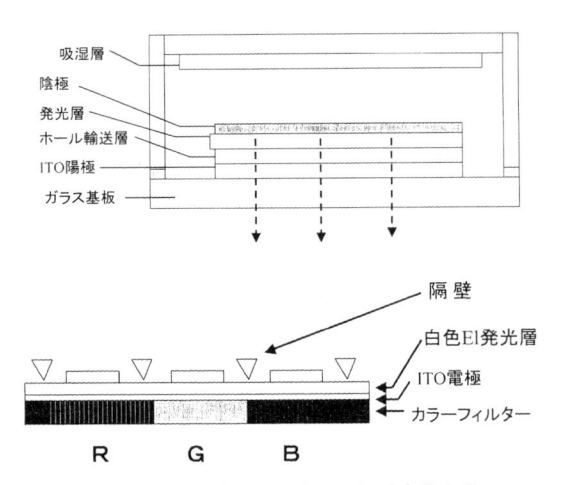

図 4.39 上：EL 発光素子のモデル，下：白色発光型 EL によるカラーディスプレイのモデル

類の発光波長は色素分子の発光波長と関連することが特徴である．それは発光がバンドギャップではなく個々の分子のπ電子系の励起幅に対応するためである．

EL素子のセルは発光効率により異なるが，例としては図4.38に示されるようである．透明ガラス電極（ITOガラス）に2種類ないし3種類の色素層を設け，その上にMgAgの合金電極を設ける．そして，両電極間に電圧をかける．単層型では電場により電子が生成し，同一層内で電子が輸送され再結合する際に発光する．2層型では電子輸送層とホール輸送層を積層させる．電子輸送層で電子が輸送されホール輸送層で結合して発光する．3層構造は別に発光層を設け，電子輸送層とホール輸送層から運ばれた電子とホールが発光層で再結合する．色素による電子やホールの移動は集合体で生じるバンドモデルと異なり分子間の電子移動によるものと考えられている．

実際のELを利用したディスプレイの構造は図4.39に示すように，赤，緑，青を発光するEL発光層を組み合わせる方法と，白色EL発光層とカラーフィルターを組み合わせて作製する方法などがある．

5

生命医療材料

5.1 生体適合性

5.1.1 はじめに

現代医療の進歩は新生児の生存率を向上させ,人間の平均寿命を著しく伸ばしていると同時に健康を通した生活の質的向上に大きく貢献している.これは抗生物質をはじめとする各種のすぐれた医薬品に加えて,各種医療用機械・器具および材料の開発によっていることはいうまでもない.医学・薬学に加え理工学の知識と技術を融合させた生命医工学は医療現場の近代化とハイテク化に大きな役割を果たしており,21世紀に向かってその役割はますます大きくなってきている.治療や診断に利用する材料は,生体や細胞などの生体要素と直接,あるいは間接的に接触するという意味で特殊であり,このような材料を"バイオマテリアル(biomaterials)"と呼んでいる.バイオマテリアルには金属,セラミックス,高分子など人工的に作られた材料と,多糖類,タンパク質,核酸などの生体高分子材料とがある.なかでも高分子材料はその機能設計や分子設計のデザインの多様性に応えられる材料として今後の発展が期待される材料である.バイオマテリアルと定義される範囲は広く,また分類方法もいろいろあるが,本章では用途別に注射器やカテーテルなどの"医療用具",生体機能の補助,代行を行う"人工臓器",診断,治療のための"高分子製剤・ドラッグデリバリーシステム"の三つに分類し,それぞれについて解説する.

5.1.2 バイオマテリアルの必須条件

機能を喪失,損失した臓器・組織の機能を代替する人工システムを人工臓器という.現在,われわれの体のさまざまな臓器・組織が人工臓器の対象となっており,その高度な機能を実現する主役としてバイオマテリアルの発展が期待され,

5.1 生体適合性

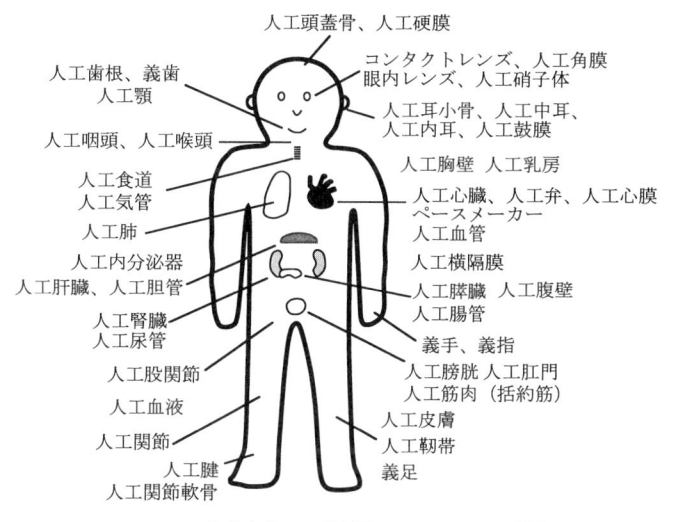

図 5.1 現在臨床応用，研究開発されている人工臓器

（図中ラベル）
- 人工頭蓋骨、人工硬膜
- コンタクトレンズ、人工角膜、眼内レンズ、人工硝子体
- 人工歯根、義歯、人工顎
- 人工耳小骨、人工中耳、人工内耳、人工鼓膜
- 人工咽頭、人工喉頭
- 人工食道、人工気管
- 人工胸壁　人工乳房
- 人工心臓、人工弁、人工心膜、ペースメーカー
- 人工肺
- 人工血管
- 人工内分泌器
- 人工横隔膜
- 人工肝臓、人工胆管
- 人工膵臓　人工腹壁
- 人工腸管
- 人工腎臓、人工尿管
- 義手、義指
- 人工股関節
- 人工膀胱　人工肛門
- 人工筋肉（括約筋）
- 人工血液
- 人工皮膚
- 人工関節
- 人工靱帯
- 人工腱、人工関節軟骨
- 義足

多面的な研究が推進されている（図5.1）．

われわれの体は細胞-組織-器官という階層構造で精密に組み立てられ，各パーツが神経回路によって脳からの情報を受け，相互作用しながら機能し，生命を維持している．生体は本来自分以外のものを異物として認識し，自己防衛反応によりそれを排除する．したがってコンピュータが故障したときに破損したパーツをただ取り替えるのとは異なり，生体の一部の機能が失われたときにはそれを代替する機能と同時に生命全体と協調，適合するものを探すことが必要となり，機能を復活させるには広範な観点からの考慮が必要である．ではどのような材料が必要とされているのだろうか．

第一にバイオマテリアルは生体内，生体表面，生体要素と直接的・間接的に接触するため，生体にとって安全でなくてはならない．いかに生体と協調して同化・適合する材料を作り出すかが重要となる．すなわち材料が生体と接触して安全に利用されるための"生体適合性（biocompatibility）"が必要となる．第二に効果を出すための"機能性"が必要である．代替する器官や組織，システム，また使用期間によってさまざまな機能が要求される．例えばフィルム性，ゴム弾性，機械的強度などの材料に起因する機能と，光透過性，物質透過性，ガス交換性，分子認識機能性など生体機能に代替可能なさまざまな機能が追究されてい

る．つまり生体適合性と機能性を兼ね備えていることがバイオマテリアルの必須条件となる．とりわけ使用目的，生体との接触部位，期間により個々のニーズにあわせた材料設計が必要となるため，材料の合成・物性に加えて生命科学，医学，薬学からの集学的なアプローチがきわめて重要となってきている．

5.2 医 療 器 具

医療現場で目にする医療器具にはプラスチック製の注射筒をはじめ高分子材料が多い．その大部分は個別包装で滅菌されており，使い捨て（ディスポーザブル）医療器具である（表5.1）．ポリプロピレンやポリスチレン製の注射筒や点滴筒の使用は洗浄や滅菌の手間や費用を削減し，低コストであるうえに安全であるので，国内では1963年より発売，普及している．また輸血用バッグは1973年よりエチレン-酢酸ビニル共重合体（EVA）製のものが滅菌性のよさにより使用されている．またガラスボトルより軽く，落としても割れないなどの種々のメリ

表5.1 ディスポーザブル医療用器具に使用されている主な高分子材料[6]

医療用器具の種類	ポリ塩化ビニル	ポリエチレン	エチレン酢酸ビニル共重合体	ポリプロピレン	ポリカーボネート	ポリウレタン	ポリスチレン	シリコーン樹脂	ポリメチルメタクリレート	ポリテトラフルオロエチレン	ポリエチレンテレフタレート	ナイロン	ポリスルホン	ABS樹脂	ポリアセタール
注射筒				○			○								
注射針															
採血針	○	○												○	
透析用留置針	○													○	
留置針															
輸液セット	○	○													
輸液・輸血フィルター	○			○			○			○	○				
血液バッグ	○		○												
チューブ・カテーテル	○			○		○		○					○		
透析器ハウジング				○											
透析器用中空糸		○						○		○					
体外循環用血液回路	○	○	○										○		
人工血管										○	○				
手術用手袋	○	○													

ットがある．このように高分子材料が多くの医療器具に使われるのは素材の種類が豊富で，その多彩な性質を利用できること，またさまざまな成形加工が可能であること，安価で大量生産できるために使い捨てを可能にし，安全に利用できることに起因している．プラスチック製医療器具の品質は，鉛，カドミウムなどの有害重金属，フタル酸エステル，塩化ビニルモノマーなどの毒性問題が起きたことにより，現在では物性，材質，有害物質の溶出，および生体組織に与える影響について安全性が検討され，よりよい製品開発が目指されている．

5.3 人工臓器/臓器再生への挑戦

人工臓器は狭義には内臓の人工代替物をさすが，近年，生体の組織，器官，臓器のいずれでもそれを代行するならば人工臓器と呼ぶ傾向にある．本章では現在臨床応用されている代表的な人工臓器とその材料，また研究開発途上にある材料について紹介する．

5.3.1 人工腎臓

わが国では，現在約17万人の慢性腎不全患者を週3回の血液透析で治療するために用いられる人工腎臓が，最も多く利用されている人工臓器の一つである．腎臓は動脈血を糸球体でろ過し，水・電解質の調節，尿素などタンパク質代謝産物の排出，薬物の排出，血圧の調節，赤血球数の調節，ビタミンDの活性化などを行っている．この腎臓機能が低下すると代謝産物の排泄が不十分となり，体内に水や尿素が蓄積してしまう．人工的に血液中の代謝物を除去するために，人工腎臓による人工透析が必要となる．実際には血液を一時的に体外循環させ，病因物質を除去してからその浄化済み血液を体内に戻す（血液浄化療法）．体外に取り出した血液は長さ20〜30 cm，外径約5 cmの円筒形透析器に送られる．透析器内には内径が約200 μm，膜厚10〜50 μmの中空糸が約1万本束ねられており，総膜面積は1〜2 m^2 にもなる．この半透膜中空糸を介して物質分離・ろ過の機能を代替する．現在市販されている膜素材を表5.2に示した．セルロース膜は結晶性部分と非晶性部分が適度に混じりあっており，溶質透過性と水透過性のバランスがよく，吸水状態でも力学的強度を保っている．またγ線照射や熱処理による滅菌にも耐えられることから，長年セルロース系の膜素材が主流であった．しかしセルロース膜を透過できない微量の代謝産物が明らかにされ，さらに免疫に関与する補体の活性化と白血球数の一時的減少が起こることから，現在ポ

表5.2 日本で市販されている透析器の主な膜素材

天然高分子	再生セルロース 銅アンモニアレーヨン けん化セルロース 改質セルロース ポリエチレングラフトセルロース
合成高分子	ポリアクリロニトリル ポリメチルメタクリレート エチレンビニルアルコール共重合体 ポリスルホン ポリアミド

リスルホン多孔性中空糸膜が次第に利用されてきている．

　日本は世界で最も血液透析患者が多いといわれている．その理由は腎臓移植数が少ないことと，透析患者の予後が世界一高いことにある．必然的に長期透析患者数も増え，さまざまな合併症の予防と治療を目的として透析器の性能と生体適合性の改善が図られてきた．現在，最も大きな問題は血液適合性である．血液は異物である透析膜との接触により自己防衛反応を起こし，血液成分が膜に付着，凝固する（血栓反応）．透析時には抗凝固剤のヘパリンが使用され，マクロ的には血栓形成が阻止されるものの，透析終了後の膜表面には白血球，血小板などの血球の粘着が観察される．血液成分の付着は膜の素材に加えて，血液流量，透析器のデザイン，透析器の滅菌法など多くの条件が影響する．またヘパリンの長期使用による副作用が報告されており，できるだけ少量のヘパリンで透析を行うためにはまず材料自身の抗血栓性を改善しなければならない．理想的な抗血栓性材料の開発は人工臓器創製における重要な課題であり，大きな力を注ぐ必要がある．

5.3.2 人工心臓

　人工心臓は心臓手術後の補助，急性心筋梗塞の際の補助，心臓移植へのつなぎとしての補助，代行として1980年代から臨床応用されている．補助人工心臓ポンプの形式は図5.2に示したもののうち，ダイアフラム（diaphragm）型，サック（sac）型が一般的で，血液の流入出部に逆流防止用の人工弁が装着されており，空気圧により血液の拍出を行う．

　心臓は血液と接触する面積が大きく，繰り返し疲労強度が要求されるため，素材としては抗血栓性と同時に，機械的耐久性を兼ね備えたものが必要となる．人

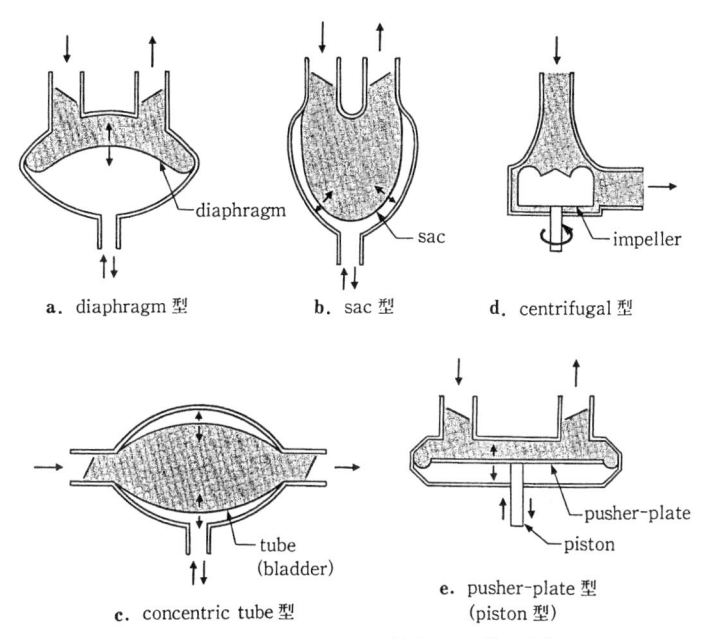

図 5.2 臨床応用されている補助人工心臓の形式
(人工臓器 1992, 中山書店, 1992 より)

工心臓の本格的研究は 1957 年アメリカ・クリーブランド病院において Kolff と阿久津によってポリ塩化ビニルを材料として始められ,その後シリコーンゴム,天然ゴム,ダクロンなどが検討された.セグメント化ポリウレタンウレアになって初めて長期使用が可能となり,現在臨床ではこれが主流となっている.

図 5.3 にセグメント化ポリウレタンウレアの一般的構造を示す.柔軟性に富んだポリエーテルを主とするソフトセグメントとウレタンおよびウレア結合から構成されるハードセグメントとのマルチブロック共重合体で,通常ハードセグメント部分は分子間水素結合により凝集してクラスターを形成し,これがソフトセグメントのマトリックス中に分散した結晶/非晶型のミクロ相分離構造をとる.特に $R=-[(CH_2)_4-]$ の Biomer® は抗血栓性と耐久性にすぐれており,その後も含フッ素セグメントポリウレタンやセグメント化ポリウレタン-ポリジメチルシ

図 5.3 セグメント化ポリウレタンウレアの構造式

ロキサン共重合体など比較的抗血栓性のある材料が開発されている．

人工心臓でも最大の問題は材料の抗血栓性である．血栓は拍動流ポンプでは人工弁，ポンプの継ぎ目など，遠心ポンプでは羽根や回転軸の軸受けなどによくできる．つまり血栓形成を促進する因子は材料表面の化学的組成，構造以外に流体力学的要素が大きく関係するので，安全でしかも長期間使用できる人工心臓の作製にはさまざまな技術，材料，医学，薬学の専門的な観点からのアプローチを統合して開発されていかなければならない．

5.3.3 抗血栓性材料

血液と直接接触して使用されるバイオマテリアルの抗血栓性化の試みは，1960年初頭より展開され多くの研究がなされている．血液は電解質イオン，水などの低分子，タンパク質，赤血球，白血球，リンパ球，血小板などの細胞を含んでいる．材料が血液と接触すると，その直後に材料表面にタンパク質が吸着する．その後血小板，リンパ球，マクロファージなどの細胞レベルの反応が続いて起こり，血栓形成，炎症，貪食などの細胞レベルの反応が起きる．材料表面の構造に応じて吸着するタンパク質の量，コンフォメーション変化，配向，分布などが変化し，これにより自己防御反応を引き起こすので，バイオマテリアルを設計する場合にはタンパク質の吸着挙動について詳細に検討する必要がある．

実際の抗血栓性材料の表面作製には図 5.4 に示すような三つのアプローチがある．

a．偽内膜形成型材料　この種の材料は，適度な血栓形成によって血栓膜を材料表面に作り，この血栓膜を足場として内皮細胞を増殖させ，血管の内腔面と類似した構造にしたものである．現在臨床では延伸ポリテトラフルオロエチレン（ゴアテックス，ダクロン）が用いられている．内径 6〜30 mm の範囲で利用されているが，6 mm 以下の動脈と静脈では初期血栓で血管が閉塞し，偽内膜

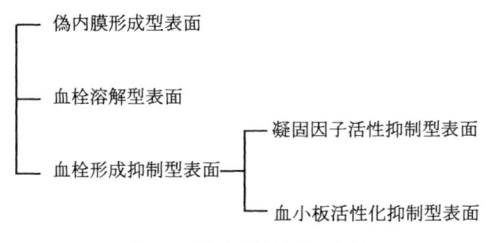

```
┬── 偽内膜形成型表面
│
├── 血栓溶解型表面
│
│                      ┬── 凝固因子活性抑制型表面
└── 血栓形成抑制型表面 ─┤
                       └── 血小板活性化抑制型表面
```

図 5.4　抗血栓性材料の分類

形成に至らない，という欠点がある．

b．血栓溶解型材料　血栓を溶解するウロキナーゼやストレプトキナーゼなどの酵素を材料表面に固定化することで，形成された血栓を溶解し抗血栓性を獲得する．血栓形成反応に比べ溶解反応の速度が小さいこと，固定化による酵素活性の低減などの課題がある．

c．血栓形成抑制型材料　血小板や凝固因子の活性化を抑制する機能をもつ血栓形成抑制型材料には，生理活性物質を用いるものと用いないものとがある．前者は血液凝固因子を阻害するヘパリンや，血小板の凝集を抑制するプロスタサイクリンなどを表面に固定化したものである．一方，後者は表面構造により血小板，血漿タンパク質の物理吸着を抑制し，血栓形成を防ぐ表面である．特に親水性のポリ（2-ヒドロキシエチルメタクリレート）（PHEMA）と疎水性のポリスチレン（PSt）のブロックコポリマーは各セグメントが相分離してミクロドメイン構造を形成し，このドメイン幅が25 nmのときにすぐれた血液適合性を示すことがわかっている．図5.5に示すように，材料表面に吸着，接触した血小板の活性化の抑制は血漿タンパク質がミクロドメインに沿って吸着することによるものと考えられている．アルブミンは選択的に親水性ドメインに，γ-グロブリンは疎水性ドメインに吸着して，血小板の膜タンパク質の動きが制御される．内径3 mm，長さ70 cmの小口径人工血管をイヌの頸動脈に埋め込むと，1年以上にわたって血栓形成が完全に抑制された．このとき，ミクロドメイン化表面は単分子層のタンパク質吸着で長期に安定化される，というきわめて興味深い結果が得

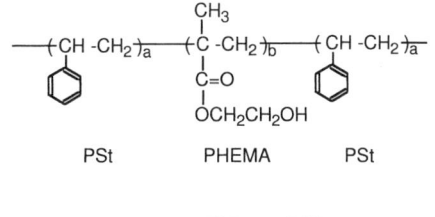

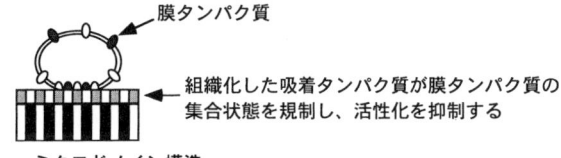

図5.5　PSt–PHEMA–PStブロックコポリマーの構造とその表面における細胞との相互作用

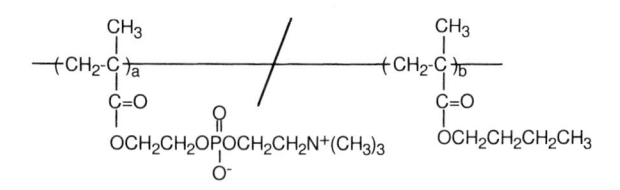

図 5.6 ポリ（MPC-co-BMA）共重合体の構造式

られている．

　リン脂質極性基をポリマー側鎖に導入した2-メタクリロイルオキシエチルホスホリルコリン（MPC）と n-ブチルメタクリレート（BMA）のコポリマー表面では，血小板の粘着が著しく抑制されることが報告されている（図5.6）．このポリマーをセグメント化ポリウレタンとブレンドして内径2 mmの人工血管を作製し，ウサギ頸動脈に埋め込んだところ5日間閉塞せずに抗血栓性を示したことが報告されている．このような材料表面の抗血栓性の発現を，表面における水の構造から考察されている．材料中の極性官能基と水分子は水素結合を介して相互作用する．このとき，水分子が強く相互作用して束縛されるとこの水は冷却しても凍らない（不凍水）．一方，分子運動が束縛されない水（自由水）は0°Cで凍る．さらに，ある程度相互作用して束縛されるが冷却下−60°C付近で凍る中間水が存在する．材料によってこれら3種類の水の組成が異なることが知られているMPCポリマー表面の抗血栓性の発現に，水の構造が影響することが明らかにされつつある．さらなる詳細な抗血栓性発現機構が今後解明されることが望まれている．

　最近，ポリ（2-メトキシエチルアクリレート）（PMEA）表面とポリ（MEA-HEMA）共重合体がすぐれた抗血栓性を示すことが報告された．血小板の粘着や形態変化がほとんど生起しなかった表面での水の構造を調べたところ，0°Cで凍る水，−60°C程度で凍る水，凍らない水のうち，−60°Cで凍る中間水の組成が多いことが示された．おそらく，中間水の表面近傍での組織化が吸着タンパク質の変性を抑制し，その後に生起する細胞の粘着を抑制するとともに粘着細胞の形態変化を抑制したものと考えられる．先に示したPHEMA-PSt-PHEMAをコーティングした血管をイヌの頸動脈に移植した場合でも吸着タンパクの変性は生起していなかったことから，PMEAやPMPCの系でみられたように界面での水の構造が関与して抗血栓性が発現している可能性が示唆され，今後より詳細な

解析が望まれる．

5.3.4 ハイブリッド型人工臓器

人工材料のみで生体を模倣し，人工臓器を創製するにはさまざまなハードルがある．そこで天然あるいは合成の高分子をマトリックスとし，細胞や生体組織をこの中に組み合わせて利用するハイブリッド型人工臓器の研究が進められている．生体の軟組織を形成しているコラーゲンやグルコサミノグリカン（ムコ多糖）は60〜80％の水を有する生体ヒドロゲルであり，多細胞生物の細胞はこのゲル状の細胞外マトリックス（extracellular matrix；ECM）に包括されて機能を維持している．そこで生体組織をゲル上，またはゲル内で培養・増殖させ，人工皮膚，人工肝臓，人工膵臓として体表面，あるいは体内に移植するという試みがなされている．高分子マトリックスにはコラーゲンやポリペプチドなど天然高分子，合成高分子との複合体が多く用いられている．

a．人工皮膚　広範な熱傷では，創傷部位から体液が漏出すると同時に，感染の可能性がきわめて高くなり，早期に皮膚を再生することが望ましい．この治療法として，コラーゲンゲルとコンドロイチン硫酸の複合体を患部に貼付し，このマトリックスに自己の皮膚細胞を誘導，増殖させるという方法がある．この複合体は細胞が増殖して組織化するため生体と一体化する．被覆材にはシリコーン膜が用いられ，水分などの蒸発を防ぐと同時に細菌感染を防止している．さらにこの複合体内に表皮の基底細胞を播種した改良型も報告されている．一方，表皮細胞を生体外で培養し，移植する方法もある．表皮細胞は単独では培養が困難であるが，あらかじめ線維芽細胞を培養したコラーゲン上では増殖し，人工皮膚を構築できる．一部は，治療目的で利用されるまでに至っている．このように生体外でハイブリッド組織を構築する技術はこれからの医療においてますます重要となってきている．

b．人工膵臓　膵臓は胃の背面にあり，膵頭部は外分泌性の細胞群が消化酵素を腸管に分泌して消化促進を行う一方，膵尾部では血糖値の適正な制御を行うインスリン，グルカゴンのようなホルモンを分泌する．特に膵尾部の機能が著しく低下すると高血糖となり，生体に種々の障害が起こる．そこで，血糖値を測定し，それに合わせたインスリンの自己注射を行う方法が一般的にとられている．しかし，この方法では血糖値の厳密な制御は難しく，インスリンの過剰投与による低血糖のために，昏睡状態に陥ったり，場合によっては生命の維持に危険

を及ぼす．そこで，動物の膵臓細胞を移植する手法が検討されている．臓器移植に伴う拒絶反応を回避するために，高分子ゲルで細胞を被覆し免疫隔離する方法が追究されている．膵臓内のランゲルハンス氏島細胞は血糖値を制御しており，とりわけ血糖値を降下させるインスリンを分泌して血糖値を一定に保っている．そこでアルギン酸ナトリウムやアガロースゲルビーズ中にランゲルハンス氏島細胞を封入したハイブリッド型人工膵臓が開発され検討されている．ゲル表面の物質透過性とビーズの大きさを精密に制御し，免疫細胞や抗体を回避しつつ，血糖値の変化に応答し，直ちに至適量のインスリンを放出することができる．実際，糖尿病のマウス腹腔内に移植するとインスリンが放出され，血糖値は正常値に復帰し，1年以上にわたって血糖値が適正範囲内に保持されていることが報告されている．このような，ハイブリッド型人工臓器は，代謝型の人工臓器として生体中できわめて重要な役割を担うものとなる．このシステムが実現すると，現在インスリンの自己注射を余儀なくされているⅠ型糖尿病患者の福音となることは想像にかたくない．このハイブリッド型人工膵臓は今後実現に向けて大きく展開しようとしている．

c．人工肝臓　　現在，急性肝不全患者の究極的な治療は肝移植しか方法がない．しかし，移植に適応できる肝臓は圧倒的に少なく，わが国では近親者からの生体肝移植に頼っているのが現状である．急性肝不全が起こると，生体の解毒や代謝機能が著しく低下し，種々のタンパク質など生命維持に重要な物質が不足し，生命の維持が困難となる．そこで，急性肝不全患者の治療の目的で，従来は，動物の肝臓に患者の血管を接続して，肝機能を代替させる，あるいは肝細胞を移植する，という方法が研究されていたが，手技の複雑さや免疫機能による移植細胞の機能や絶対数が低減してしまうため，現在は，短期間内だけ用いられるハイブリッド型人工肝臓が研究されている．このシステムでは，中空糸やスポンジ状の担体表面にブタなどの肝細胞を生着させたモジュールを体外循環システムに接続して用い，肝細胞の解毒機能や代謝機能を利用して血液浄化を図る．しかしながら，これらの場合，細胞が単層で接着していたり，ゲルなどにより物質透過性が阻害されてしまうために肝細胞自体の活性が短期間内に著しく低下してしまい，数時間から数日以内での使用しかできないのが実情である．肝細胞の形態と機能の発現の関係を考慮し，より分化した形態を維持したまま培養できるシステムが検討され，今後さらに高機能性のハイブリッド型人工肝臓が創製されるこ

d．これからのハイブリッド型人工臓器"組織工学"　　近年，多種類の細胞の相互作用，生体組織，器官の成り立ちを研究し，さらには組織，器官を再構築して医療に用いようとする組織工学（tissue engineering）が注目されてきている．細胞は秩序をもって組織化され臓器を形成し，それによって初めて高度な機能を発現する．そこで二次元平面で細胞接着領域と非接着領域を設計することにより，任意のパターンを有する細胞組織体を形成したり，光リソグラフィー技術を利用してさまざまなパターン化表面が作製され，細胞の接着，組織化の過程について検討されている．この手法は新しい共培養システムと同時に人工神経との関連から興味がもたれている．

　これまでに組織工学的手法で作製された器官・組織は，主に生分解性の天然，あるいは合成高分子をマトリックスとし，この表面上，あるいは内部に目的とする細胞を培養，増殖させ，これを患部に移植するという方法がとられている．この手法で，アメリカの研究者がヒトの耳介構造の生分解性マトリックスに軟骨細胞を播種・増殖させネズミの背中に移植した写真を発表し，世界にセンセーションを起こしたのは記憶に新しい．実際，ポリ（乳酸-グリコール酸）やポリ（乳酸-ε-カプロラクトン）のような分解性合成高分子で管状の多孔性マトリックスを作製し，ここに患者の血管細胞を播種してマトリックス上で成長させ，これを患部に移植する治療が考案され，臨床試験されている．この方法では，マトリックスは体内で分解，消失する一方，培養された細胞や組織は生体内の環境に適合して他の組織でみられるのと同等の血管組織を形成する．例えば小児の治療に用いると，従来の人工血管では患者の成長に合わせてより太い人工血管に移植する手術が必要となるが，組織工学的に作製された血管は小児の成長に合わせ自身も成長する血管となり，成長に合わせた手術は不要となるので患者のQOLの向上という点からも福音となる．現在は三次元プリンタを用い，任意の形に生分解性ポリマーを"印刷"してマトリックスを作製する，という技術も登場し，種々の組織構築が検討されている．しかしながら，この方法で作成している組織の多くは，血管組織をほとんど必要としない組織であり，生体の多くの組織・器官のように代謝機能を司る組織・臓器を作製するのはきわめて難しい．

　培養された細胞を移植などの目的で培養皿表面から脱着・回収する場合，物理的に剝離したり，キレート剤やタンパク質分解酵素を用いて細胞-基材表面間の

結合を切り離さなければならない．しかし，この操作によって組織化された細胞はばらばらになり，回収できたとしても細胞表面のタンパク質構造の破壊のために細胞の機能は低下してしまう．そこで，温度によって32°Cを境に親水性/疎水性が変化する高分子のポリ（N-イソプロピルアクリルアミド）（PIPAAm，図5.7）を基材表面に電子線重合法によりナノメートルオーダーの厚みを制御してグラフトしたインテリジェント培養皿が開発された．一般的に細胞は比較的疎水性表面に接着し，親水性の高い表面には接着しないことが知られている．PIPAAm表面は細胞培養温度の37°Cでは比較的疎水性を示し，細胞は接着・伸展・増殖する．PIPAAm表面は室温では親水性になるので，培養した細胞を

図5.7 ポリ（N-イソプロピルアクリルアミド）（PIPAAm）の構造式

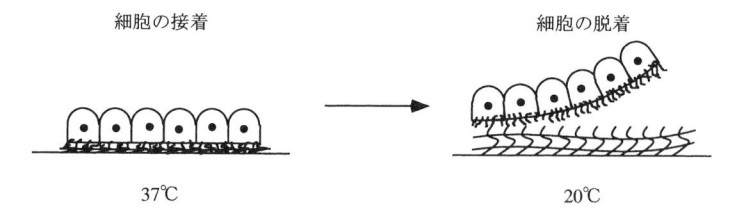

図5.8（a） 細胞シート工学に基づくPIPAAm培養皿からの培養細胞の細胞シートの脱着・回収
37°Cでは比較的疎水性表面となり細胞が培養できる．低温にすると細胞外マトリックスを細胞側に残してシート状で細胞を脱着・回収できる．

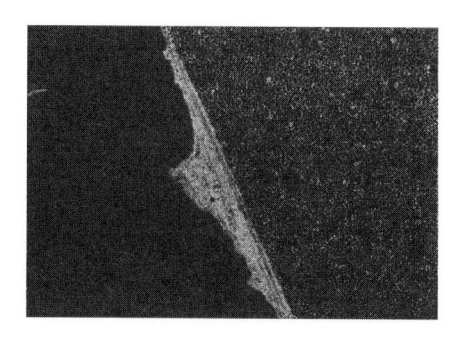

図5.8（b） PIPAAm培養皿から低温処理によりシート状で脱着する血管内皮細胞
写真右側より細胞がシート状で培養皿表面より剝離している．

20°Cに静置すると細胞が細胞-細胞間の結合を保持したままシート状で表面から剥離する（図5.8）．このように，温度変化によって回収した血管内皮細胞培養シートをラット背部の全層皮膚欠損部と植皮片との間に移植したところ，植皮片内の血管新生を有意に亢進する効果が認められている．心筋細胞からなる細胞シートを重層化すると，互いに協調して自律的に拍動する．この拍動シートを心不全モデルのネズミ心臓に移植すると，ネズミの心機能が亢進することを見出し，組織工学による心臓の再生が可能であることが示唆された．また最近，肝実質細胞と内皮細胞を別々にPIPAAm培養皿上で培養し，低温処理により回収した細胞シートを重ね合わせることにより肝小葉のモデルを実現し，初めて共培養によって肝細胞の長期培養化を達成している．このような技術は組織構造を備えたハイブリッド型人工臓器の新手法として，今後の発展に大きな期待が寄せられている．

5.4　高分子製剤・ドラッグデリバリーシステム

　薬物による病気治療は天然物からの抽出物や化学合成物の開発とともに進歩，変化してきている．通常投与された薬物の血中濃度は図5.9Aのように薬物投与直後に急激に上昇し，代謝，排泄されて次第に減少するという，鋸歯状に変化し，有効濃度範囲に保つのは難しい．そこで治療有効濃度を保つためには頻回投与が必要となる．しかし，薬物によっては治療域が非常に狭く，投与量によって容易に毒性域に入ってしまう．さらに薬物が十分に吸収されなかったり，アレル

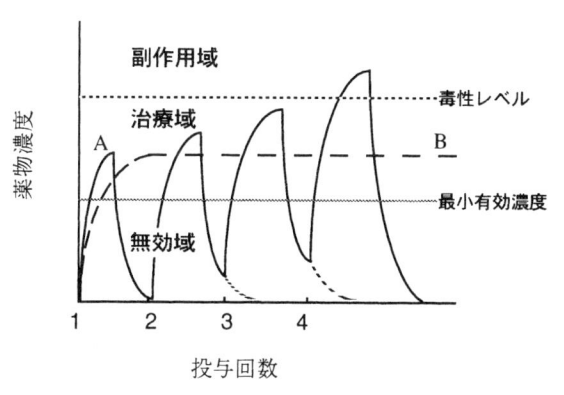

図5.9　薬物の血中濃度変化
A：従来の投与法，B：理想的な投与法．

ギー反応が生起したりするなどの副作用発現がしばしば問題となる．薬物が治療域内の濃度で一定に放出できる，あるいは，必要な部位だけに，必要なときに，必要なだけ投与できれば副作用を大きく軽減できるだけでなく，安全な薬物治療が可能となる．このような製剤，治療の概念をドラッグデリバリーシステム（drug delivery systems；DDS，薬物送達システム）といい，近年活発に研究されている．例えば高分子マトリックスに薬を分散，あるいは内包し，これを一定速度で放出する技術や拡散の制御，浸透圧の制御が検討されている．現在では薬物の血中濃度を一定に保つ徐放性の制御だけでなく，病巣部位に選択的に薬剤を運搬したり，特定の時間だけ薬物を放出する，時空間的制御に基づくターゲティングについて多くの研究が展開されている．高分子材料はゲルやカプセルなどのマクロなレベルだけでなく，薬物を自己免疫反応から回避させるため，あるいは腫瘍への特異的な結合反応を引き起こすためのミクロ分子として利用されている．

5.4.1 徐放性の制御

薬物の血中濃度を一定に保つための徐放性製剤は，薬物を生体に不活性な隔離膜内に内包するリザーバ型（reservoir device）と，薬物がマトリックス内に均一に溶解，あるいは分散したモノリシック型（monolithic device）とがある．

　リザーバ型では，内包した薬物濃度が飽和している場合，薬物放出の駆動力である膜内外での薬物濃度差をほぼ一定に保つことができるのでゼロ次放出となる．内包した薬物濃度が飽和していない場合には，経時的に内包した薬物濃度が低下し，膜内外での薬物濃度差が小さくなるために薬物放出は指数関数的に減少し，一次放出になる．

　一方，モノリシック型では，リザーバ型で薬物の制御放出に問題となる隔離膜のピンホールや膜厚の不均質さなどの問題が起こらない．薬物がマトリックス内に溶解するには，薬物とマトリックスの物性が大きく影響する．薬物が分散したデバイスの場合，マトリックス内の薬物含量により，放出挙動が変化する．0～5％程度の場合は薬物のマトリックス内への溶解とマトリックス表面への拡散により薬物が放出される．5～20％のときは，外液が薬物を放出した後の微小空孔内に浸入し，薬物放出に影響する．この効果は薬物含量が20％以上になると顕著で，薬物が抜けた空孔が連続したチャンネルになり，薬物のほとんどはこのチャンネルを通して放出される．チャンネル内に満たされた溶液中への薬物の溶解性と拡散性が放出速度を決定する．

5.4.2 刺激に応答した薬物放出制御

薬物放出のOn-Off制御を実現するにはリモートコントロールが可能なシステムの構築が必要であり，薬・工・医学の境界をこえた領域で製剤の開発が行われている．この製剤は，病気によって生じるシグナルを検知し（sensor），シグナルの大きさを判断し（processor），至適量の薬物を放出して治療を行い（effecter），さらに体が正常に戻ることを検知して放出を停止するオートフィードバックシステムをもつ．また，生体内で発生するシグナルだけでなく，外部から熱，電流，超音波などの物理信号を与え，薬物放出制御を可能とするシステムが考案されている．

高分子ゲル中の物質透過性はゲルの含水率が高くなるほど上昇するので，ゲルの膨潤度を体内のシグナルによって変化させることができれば内包した薬物の放出制御ができる．ここではさまざまなシグナルに応答するDDSゲルについて紹介する．

a．化学物質に応答するシステム（図5.10）　化学物質に応答して薬物放出をするシステムとして最も代表的なものはグルコース応答型インスリン放出システムである．ゲル内部にグルコースオキシダーゼ（GOD）を固定化し，グルコースの酸化反応に伴うpH変化に応答したゲルの膨潤度の違いにより，インスリンの放出制御ができる．またGODを固定化したポリアクリルアミド膜とニコチンアミド基を有する酸化還元膜を組み合わせたシステムも考案されている．これは酵素反応により生じた過酸化水素が酸化還元膜中のニコチンアミド基を酸化し，膜中に正電荷を生成してゲルを膨潤させ，インスリンを放出する．グルコース濃度が下がれば放出量は少なくなる．

酵素はゲルから漏出すると生体中で免疫反応を誘導する可能性のあるタンパク質であるので，酵素を用いることなくグルコース濃度に応答してインスリンを放出するシステムが検討されている．多価アルコールとボロン酸は水中で可逆的にコンプレックスを形成する．フェニルボロン酸基を有する水溶性合成高分子はポリビニルアルコール（PVA）とボロン酸基と水酸基を介してコンプレックスを形成する．このコンプレックスはグルコースの存在により置換反応を起こして解離するため，グルコース濃度に応答してインスリンを放出できる．最近，温度応答性高分子ゲルにフェニルボロン酸を導入し，一定温度でグルコース濃度に応答してゲルの膨潤を変化させ内包したインスリンを放出するシステムも考案されて

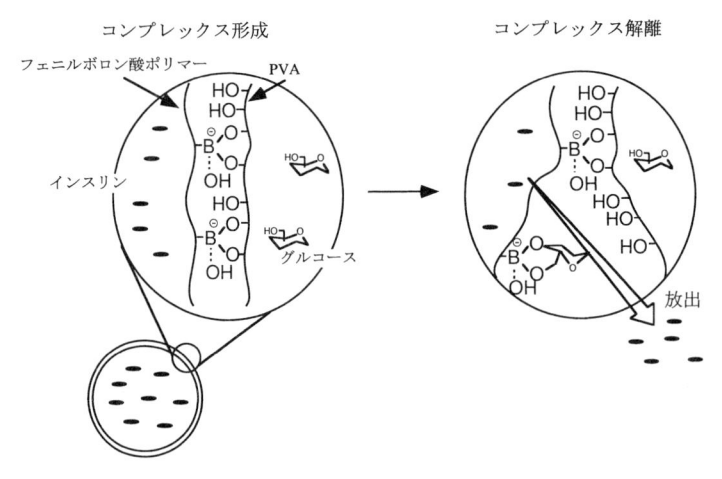

図 5.10 グルコースに応答する DDS システム

いる.このゲルでは，グルコース濃度が低下するとゲルの収縮が起こりインスリンの放出を完全に停止させる緻密な収縮層が形成される.これによりインスリンの On-Off 放出制御が行えることが示されている.

b. pH に応答するシステム 経口投与される薬物は pH が酸性から中性,弱アルカリ性へと変化する消化管内を通過しなければならない.またこの間,さまざまな消化酵素や消化管内容物と接触する.特にポリペプチドは胃の低 pH 領域で不活性化してしまうため小腸まで到達できるのはごく微量である.またイン

ドメタシンなどの抗炎症剤は胃への副作用が大きいため，小腸での選択的吸収が望まれる．そこでpHに応答する薬物放出システムが考案された．pH応答性ゲルはアクリル酸やアミノエチルメタクリレートなどのイオン性モノマーを導入することによって得られる．例えばアクリル酸を導入したゲルでは低pHでカルボキシル基のプロトン化により解離が抑制され収縮して薬物放出を抑制し，高pHではカルボキシル基の解離により膨潤して薬物が放出される．

c．温度に応答するシステム　　ポリ（N-イソプロピルアクリルアミド）（PIPAAm）ゲルを用いると，薬物放出を温度によりOn-Off制御できる．PIPAAmゲルは低温ではポリマー鎖が水和しているが32℃以上の高温では脱水和して収縮するので温度変化に対して大きな膨潤度変化が生じる．疎水性のブチルメタクリレート（BMA）を共重合させると，高温に変化させたときにゲルの表面で緻密なゲルの収縮層（スキン層）が形成され，ゲル内部の水の放出をも停止させることができる．このゲルの薬物放出挙動を温度変化させながら調べると，ゲルが膨潤している10℃では薬物の透過性が高くなり薬物が放出され，ゲルが収縮する30℃で放出が停止する．On状態からOff状態になるとき，ゲルの

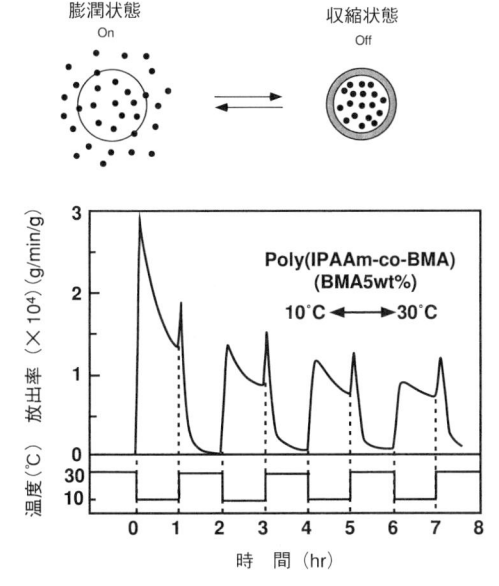

図 5.11　10〜30℃の温度変化に対するPIPAAmゲルからのインドメタシンの放出挙動（ゲルの機械的強度を上げるために n-ブチルメタクリレート（BMA）を共重合した）

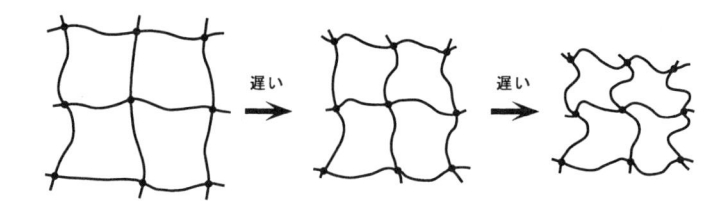

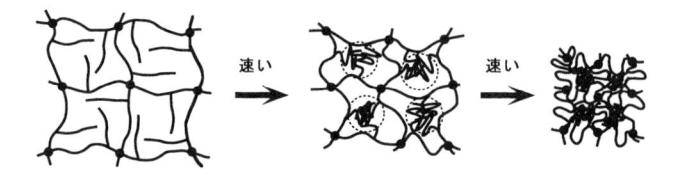

図5.12 グラフト型の分子構築を有する PIPAAm ゲルの素早い収縮メカニズム

収縮に伴う大きな体積変化が起こり，ゲル表面から急激に薬物が絞り出され（squeezing 効果），非透過性のスキン層が形成されて放出は停止する．再び温度を下げて On 状態になると薬物が放出され，パルス型放出パターンを示す（図5.11）．

またゲル網目の分子構造を設計することにより速度制御できることが明らかにされている．PIPAAm の自由末端鎖を PIPAAm ゲルの主鎖にグラフトすると，PIPAAm 自由末端鎖の素早い脱水・凝集変化が起こりゲルの収縮を加速できる（図5.12）．自由末端鎖は，運動性の高い自由末端を有するので，両末端を架橋点で固定された網目の収縮に先立って，急激に脱水して凝集する．これに伴い自由末端鎖間に強い疎水性相互作用が働き，ゲル内部の凝集力が増大することにより，ゲル全体が素早く収縮すると考えられる．この変化には自由末端 PIPAAm 鎖の分子鎖長がきわめて重要で，分子量が低いと大きな凝集力は得られず，ゲルはゆっくりと収縮変化する．このようにゲルの分子設計により新しいパルス型投与が実現可能となってきている．

解熱剤への応用を考えると，体温の上昇に伴い薬物が放出されるシステムはきわめて効果的である．アクリルアミド-ブチルメタクリレート共重合ゲルとアクリル酸ゲルとからなる交互侵入網目（IPN）ゲルは，低温でアクリルアミドとア

クリル酸の水素結合形成によりゲルが収縮する一方，高温では水素結合の解離によりゲルが膨潤し，低温側で Off，高温側で On となる薬物放出システムを実現できる．

そのほかにも電場や磁場などの物理刺激に応答して素早い形態変化を起こすゲルを利用すれば，生体外部からの刺激でパルス型薬物投与が可能となる．

5.4.3 ターゲティング

薬剤の吸収効率，臓器集積性，作用時間，選択的活性発現などの体内挙動を改善するために天然高分子や合成高分子で薬剤を化学修飾したり，非共有結合で内包することがある．このような高分子は病巣部位まで薬剤が安定に運ばれるためのキャリアーとしての働きや標的指向性をもつ．高分子自体が薬理活性をもつものもあれば，環境や外部のシグナルに応じて機能を発現するものもある．

a. 特異性を有するターゲティング／ミサイルドラッグ 病巣に選択的に薬物を作用させる標的指向性を有する薬剤をミサイルドラッグという．腫瘍抗原に対する抗体，腫瘍細胞表面の糖鎖に対するレクチン，レセプターに対する特異的糖鎖など，高い特異性を利用してこれらを薬物に結合させた複合体が開発されている．この手法は，一時"魔法の弾丸"と呼ばれ，夢の治療法として期待されていた．しかし，白血球やマクロファージなどの細胞に貪食されたり，標的部位に達する前に正常細胞や正常組織に移行してしまい，期待したほどの効果を得ることができなかったり，腫瘍の抗原性が頻繁に変化したり，複合体に対する抗体が出現するなどの諸問題があがっている．

b. 高分子ミセル ミサイルドラッグで問題となった正常組織での副作用や非効率性を改善するために，近年，正常細胞や正常組織への移行を最小限にする必要性が高まっている．一方では炎症部位において血管壁の透過性が亢進している一方，高分子が蓄積しやすいことが報告されている（EPR 効果，enhanced permeability and retention effect）．非特異的な相互作用を最小にして体内に長く停留できれば，この EPR 効果を利用した DDS が可能となる．これを達成するには製剤の血中滞留時間の延長と，腎糸球体からのろ過を免れるための適切なサイズが重要なファクターとなる．そこで体内動態を分子サイズ，粒子の電荷，粒子表面の性質（油・水親和性など）により規定する試みが行われ，リポソームや，高分子ミセルなどが考案されている．

リポソームはリン脂質集合体からできており親水性の薬剤を内水層に，疎水性

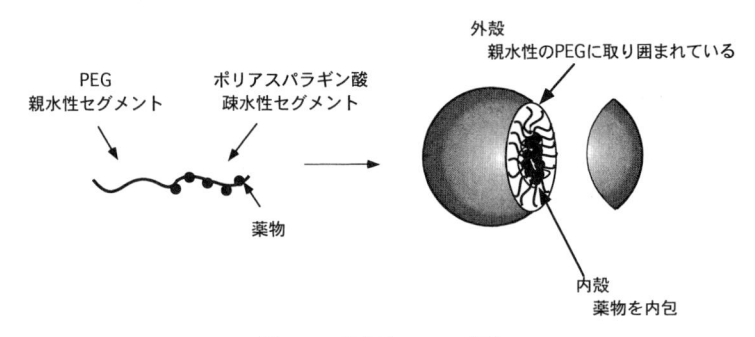

図 5.13 高分子ミセルの構造

薬剤を脂質二重層内にそれぞれ包含できる．しかし構造的に弱く，肝臓に取り込まれやすいので，各種臓器に対するキャリアーとしては難しい問題を抱えている．最近は，リン脂質の組成を変化させてより安定なリポソームを作製する試みや，親水性で生体適合性の高いポリエチレングリコール（PEG）を導入し，生体内安定性を高める試みが検討されている．

一方，PEG とポリアスパラギン酸からなる高分子ミセルは疎水性の薬物を物理的，あるいは化学結合を介して内包し，PEG の親水性鎖がまわりを取り囲んだナノオーダーの粒子構造をもち，かさ高い分子となるだけでなく，PEG 自身が低濃度で生物学的に比較的非活性である（図 5.13）．実際，抗癌剤のアドリアマイシンを内包した高分子ミセルは肝臓や脾臓に移行しにくく，大腸癌などを治療できることが確認されている．これは固形癌に対する EPR 効果がうまく活用されていることを示している．外殻となる PEG に機能性分子を賦与してさらにターゲティング能を高めることも可能であり，これからの高分子医薬として期待が大きい．

バイオマテリアルの研究はこれからの医療を支えるといっても過言ではない．多くの優秀な人材，長い年月，費用が必要であるが，なによりも医学・工学・薬学・化学・生物学などの関連諸科学分野の領域をこえた知識や技術の融合と集学的なアプローチが必要である．このような観点からバイオマテリアルの開発が活発に推進され，新しい人工臓器，再生医療，ドラッグデリバリーシステム，バイオテクノロジーがさらに開拓されていくことを期待したい．

6
環 境 材 料

　21世紀を迎えて，材料技術が厳しい現実に直面していることが衆知の事実になっている．化石燃料の枯渇，地球温暖化現象，オゾン層の破壊などグローバルな環境問題の深刻さが叫ばれている．地球環境問題の根本的原因が，現代の物質文明にあることは疑いようのない事実である．これからの時代に求められている材料は，機能面の有用性に加えて，人にも環境にもやさしいものであり，材料開発の目的が以前にも増して多様化することが予想される．再生可能な材料，天然材料，生分解性材料，長寿命材料，枯渇性材料の代替材料，非毒性材料など，環境負荷を最少にし再生資源化率を最大にした環境材料の開発が期待される．

　合成高分子（プラスチック）の大量生産が始まって30年が経過し，高分子材料なしでは人類の生活がもはや成り立ちえない．しかし，地球の限界がみえてきたという現実の中で，全世界で生産されている1億2000万トンにも及ぶ大量のプラスチックによる環境汚染の問題もその根本的な解決が要請されている．持続発展可能な循環型社会を作るための技術開発に，高分子をはじめとした材料研究者と技術者はこの問題に迅速に取り組む必要がある．本章では，各種の環境負荷低減を目指した環境材料の技術の中から，生分解性ポリマーとプラスチックリサイクルについて，わが国における研究開発動向を中心に紹介し，その基本的な考え方を詳説する．

6.1　生分解性ポリマー

実用材料としての生分解性ポリマーは，次のように定義されている．
　　「従来のプラスチックに劣らない機能をもち，自然界に存在する微生物の
　　働きによって，低分子化物に分解され，最終的に土の有機物成分や水と
　　二酸化炭素に分解されるポリマー」

微生物は分解酵素を体外に出して，高分子鎖を連結しているエステル結合，グリコシド結合，ペプチド結合などの化学結合を加水分解反応により切断し，さらに高分子鎖は酵素によって有機酸，グルコース，アミノ酸といった低分子化合物に分解することができる．分子量が数百以下になると，微生物は化合物を細胞内に取り込み，さまざまな代謝経路を経て，各種の生体高分子を合成したり，水と二酸化炭素になる．生分解性ポリマーは，地球環境への負荷を低減できるプラスチック原料としての実用化が強く望まれており，多くの大学，研究所，企業などで，基礎から応用に至るまでの幅広い研究開発が進められている．その対象となるポリマーは，作成方法により大別すると，微生物産生ポリマー，動植物由来の天然ポリマー，人工化学合成ポリマーの三つに分類することができる．

6.1.1 微生物産生ポリマー

微生物が作るポリマーには，ポリエステル，セルロースなどの多糖類，ポリアミノ酸，核酸，タンパク質などがある．

バイオポリエステルは，200種類以上の原核生物（細菌，らん藻など）から作られ，自然界から炭素源（糖，有機酸，アルコール，炭酸ガスなど）を細胞膜を通して取り入れ，ポリエステルを体内で合成する．図6.1に，さまざまな菌株を用いて微生物合成されたポリエステルに含まれるモノマーユニットの分子構造を示す．微生物の重合酵素の基質特異性が比較的幅広いこと，微生物の幅広い代謝作用によって，多様なモノマーが供給可能であることにより，多くの種類の共重

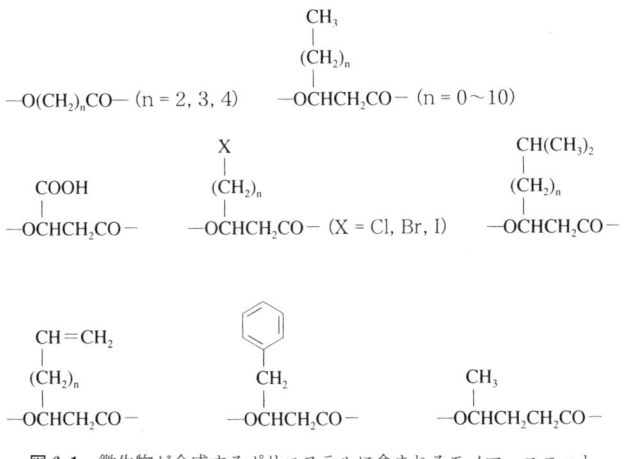

$-\mathrm{O(CH_2)_nCO}-$ (n = 2, 3, 4)　　$-\mathrm{OCHCH_2CO}-$ (n = 0〜10) （側鎖 $(CH_2)_n$–CH_3）

$-\mathrm{OCHCH_2CO}-$ （側鎖 COOH）　　$-\mathrm{OCHCH_2CO}-$ (X = Cl, Br, I) （側鎖 $(CH_2)_n$–X）　　$-\mathrm{OCHCH_2CO}-$ （側鎖 $(CH_2)_n$–$CH(CH_3)_2$）

$-\mathrm{OCHCH_2CO}-$ （側鎖 $(CH_2)_n$–$CH=CH_2$）　　$-\mathrm{OCHCH_2CO}-$ （側鎖 CH_2–フェニル）　　$-\mathrm{OCHCH_2CH_2CO}-$ （側鎖 CH_3）

図6.1 微生物が合成するポリエステルに含まれるモノマーユニット

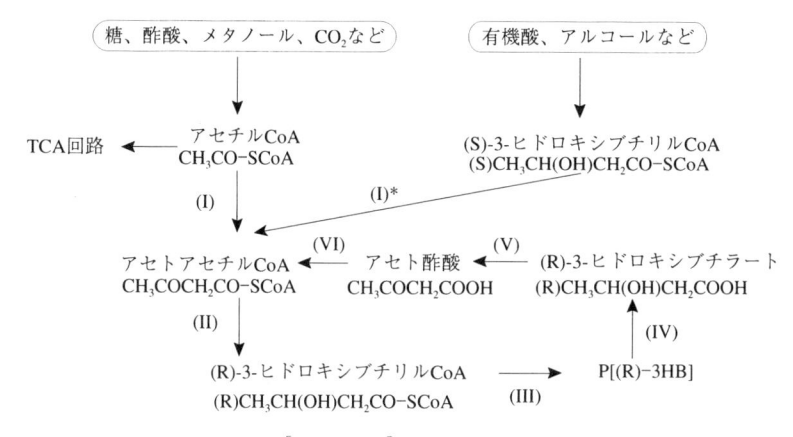

図6.2 P[(R)-3HB]の生合成と代謝分解経路
(I):β-ケトチオラーゼ,(I)*:NAD依存性アセトアセチルCoAリダクターゼ,(II):NADP依存性アセトアセチルCoAリダクターゼ,(III):PHAポリメラーゼ,(IV):PHAデポリメラーゼ,(V):(R)-3-ヒドロキシブチレートデヒドロゲナーゼ,(VI):アセトアセチルCoAシンテターゼ.

合ポリエステルが微生物合成されるようになってきた．微生物の作る最も典型的なポリエステルは，(R)体の3-ヒドロキシブタン酸(3HB)ユニットが1万個以上も結合した高分子量のポリ[(R)-3-ヒドロキシブチレート]:P(3HB)で，図6.2に示すような生合成と代謝分解過程を経る．微生物が体内に蓄積したP(3HB)の微粒子($0.5 \sim 1.0\,\mu m$の顆粒状)は，有機溶媒や次亜塩素酸処理により抽出できる．P(3HB)は，水不溶性で光学活性をもつポリマーである．結晶性のバイオポリエステルは，後に述べる化学合成ポリマーと同じく熱可塑性で，加工成形が可能である．結晶性が高くもろいために汎用プラスチックとしての実用化には向かないが，耐熱性および弾性率においてもすぐれており，プラスチック原料として，さらに他の生分解性ポリマーの改質材としても有用である．微生物が作るポリエステルは，大地，海洋，汚泥などさまざまな環境にすむ微生物によって容易に分解される性質をもつ．また，共重合組成を変えることにより，多様なすぐれた物性を示す．すなわち，微生物に与える炭素源を工夫することにより，P(3HB)にない性質をもつ共重合ポリエステルを生産することができる．最近，各種のヒドロキシアルカン酸をモノマー成分とする共重合ポリエステルが微生物合成できるようになってきた．例えば，炭素源としてプロピオン酸とグルコースを与える発酵法により，3HBと3-ヒドロキシバリレート:(3

HV）からなるランダム共重合ポリエステルを生合成することができる．この系で，基質として与えるプロピオン酸とグルコースの比を変えることによって，幅広い組成範囲で発酵生産できる．また，基質として，ブタン酸とペンタン酸を用いても，広い組成範囲のランダム共重合体を微生物合成することができる．さらに4HB（4-ヒドロキシブチラート），5HV（5-ヒドロキシバリレート）の組み合わせで，さまざまな共重合ポリエステルを生産できるようになった．このようにして微生物により合成された共重合ポリエステルは，自然界に生きている微生物によって分解され，炭酸ガスと水になる生分解性をもつ高分子量のポリマーで，約180℃で融けるという熱可塑性，さらに主鎖に対して一方向だけに側鎖がある規則正しい構造をもつ（アイソタクチック規則性）などのユニークな性質をもっている．

　一方，微生物が菌体外にセルロースを産生することは，古くから知られている．セルロース産生菌（食酢を作る酢酸菌の一種）は，グルコースのような単糖を吸収して，体内で重合し鎖状につないでセルロースを作る．グルコースなどを基質とする培地中で培養すると，菌体外にセルロースを産生し，このセルロースはバクテリアセルロースと呼ばれる．バクテリアセルロースは，化学組成と分子構造は植物セルロースと同じで（図6.3），植物セルロースに混ざっているリグニンやヘミセルロースと呼ばれる多糖を含まない純粋なセルロースである．バクテリアセルロースは，微生物により自然界（地圏，水圏）で容易に分解されるが，動物の体内では分解されない．熱可塑性ではないため，汎用プラスチックに

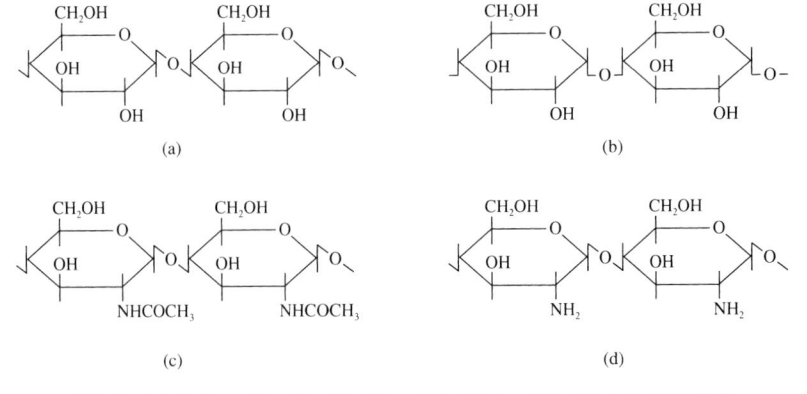

図6.3　(a) セルロース，(b) デンプン，(c) キチン，(d) キトサンの化学構造

は適さないが，物理的性質がすぐれ，いろいろな形状の不織布として生産可能である．また，結晶化度，吸水性，重合度を生合成過程で制御できるなどの利点がある．菌体外に出たセルロース分子は，集合結晶化して極細（幅100〜150Å，厚さ10〜50Å）のリボン状のセルロースミクロフィブリル（CMF）を形成し，これが複雑に絡み合って緻密な三次元的な網目を作る．半透明の寒天状で任意の形状が得られ，これを105℃でプレス乾燥すると，CMFの表面の水酸基が水素結合し剛性の高いシートが得られる．また，この寒天物は，ミキサーで離解すると糊状になる．これらの特性をいかして，機能性材料としての応用が期待されている．

タンパク質は，アミノ酸がペプチド結合（—NH—CO—）により鎖状に連なったポリペプチドからできている．生体は，遺伝子情報により20種類のアミノ酸から種類と配列を選んで，ユニークなタンパク質を作る．化学合成では，アミノ酸の配列を自由に選ぶことは難しいが，最大数千個のアミノ酸からなるポリペプチドを得ることができ，ポリアミノ酸と呼ばれている．微生物が作るポリアミノ酸としては，ポリ（γ-グルタミン酸)：（γ-PGA）とポリ（ε-リジン)：（ε-PL）が知られている．これらのポリアミノ酸は，高効率で発酵生産され，水溶性，加水分解性，生分解性をもつポリマーである．グルタミン酸は，微生物による発酵法で大量に生産される．γ-PGAは，図6.4に示すように，グルタミン酸の光学異性体D体とL体の各単一重合体の混合物であり，グルタミン酸に2個存在するCOOH基のうち，γ位のものがペプチド結合に関与しているという特徴をもつ．γ-PGAは，水溶酸性ポリマーとしての特徴をいかして，食品，医薬，増粘剤などに使用することができる．また，ファイバーやフィルムといった汎用材として使用するためには，PGAのカルボキシル基をエステル化すること

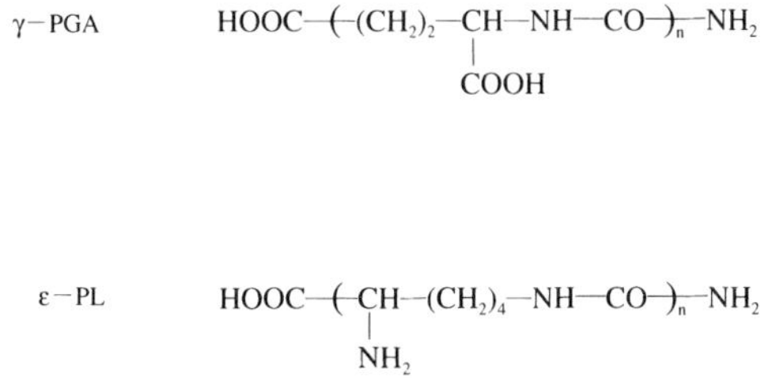

γ-PGA HOOC—((CH$_2$)$_2$—CH—NH—CO—)$_n$—NH$_2$
                      |
                     COOH

ε-PL HOOC—(CH—(CH$_2$)$_4$—NH—CO—)$_n$—NH$_2$
                  |
                 NH$_2$

図6.4 γ-PGAとε-PLの化学構造

により得られる熱可塑性を利用したり，γ線照射によるハイドロゲルとして利用する試みがある．ハイドロゲルは砂漠の緑化をはじめとした各種の環境調和材料としての応用が期待される．一方，PL は，分子鎖にその重合度と同じ数のアミノ基をもっており，水溶性のポリカチオンポリマーとして，食品保存料，繊維加工剤，製紙用助剤として応用できる．微生物が作るアミノ酸は，化学合成のような複雑な装置，工程を必要とせず，材料作製プロセスの環境負荷低減の観点から大変すぐれており，今後の技術発展と実用化が期待される．

6.1.2 動植物由来の多糖類

デンプンは，自然界で豊富に生産され，毎年再生産可能な素材の一つであり，植物組織からの分離，精製技術も確立されている．デンプンは，植物組織の中のD-グルコース（ブドウ糖）が，脱水的に重合した高分子化合物である．D-グルコースは，炭酸ガスと水から太陽光をエネルギーとして合成される．天然に存在するデンプンは，図 6.5 に示すような分子構造をもつ，アミロースとアミロペクチンの 2 種類の多糖類によって形成される．アミロースは，デンプンの 20〜30％を占め，D-グルコースが α-1,4 結合（グリコシド結合）のみからなる分子量数十万の直鎖状のポリマー化合物である．また，アミロペクチンは，アミロース鎖を互いに α-1,6 結合で連結した枝別れ構造をもつ分子量数億以上のポリマー化合物である．アミロースは水に溶けるがエチルアルコールには溶けない．デンプンを熱水に溶かしたものに，ブチルアルコールを加えると，アミロースは結晶状に析出するがアミロペクチンは溶けたままで，両者を分離することができる．アミロペクチンは枝別れ構造と大きな分子量により規則的配列ができず，強度をもたせるには分子鎖の切断といった分子構造の改質を必要とする．これらのポリマーを実用材料の原料として使用するためには，熱可塑性を与え，プラスチックとの相溶性を向上させることが必要である．

セルロースは植物細胞の外側を取り囲む細胞壁を構成している物質で，植物体の 1/3〜1/2 を占めており，全有機物中最も存在量が多い．微生物のもつ酵素によって分解されて，自然界の中で物質循環している．セルロースは，D-グルコースが β-1,4-グリコシド結合した多糖類で，アミロースの分子構造と類似している（図 6.3, 6.5）．アミロースと比べると，D-グルコースユニットのピラノース環が 180 度回転した位置関係にあり，直線上に配列するため，分子鎖相互間に強力な水素結合を形成し，結晶性の高い安定な化合物を形成する．セルロースは

6.1 生分解性ポリマー

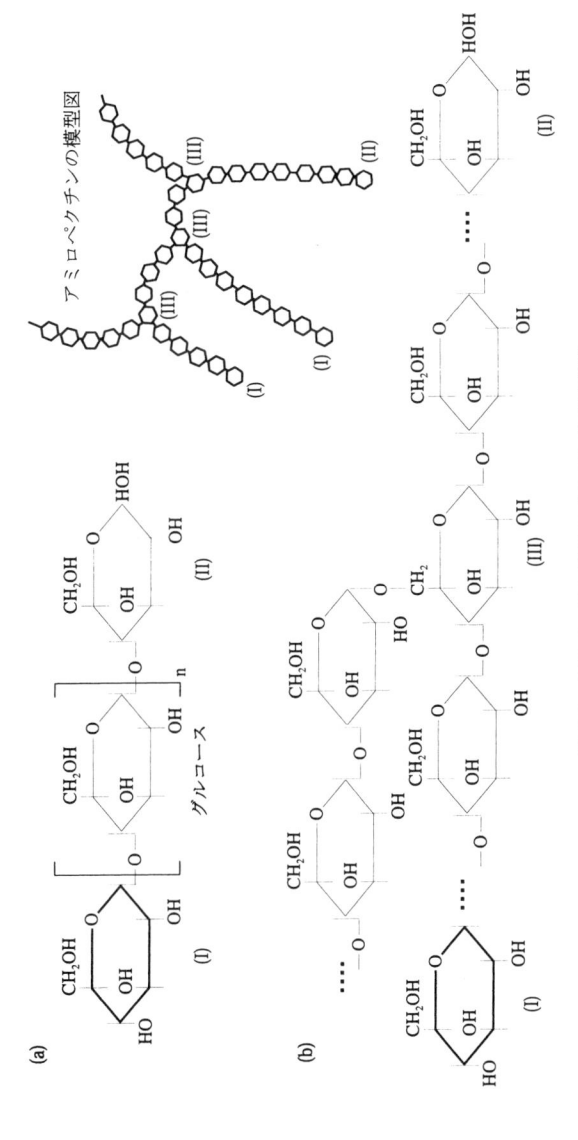

図 6.5 アミロースとアミロペクチンの分子構造
(Ⅰ):非還元性末端グルコース残基, (Ⅱ):還元性末端グルコース残基, (Ⅲ):α-1,6結合をしたD-グルコース残基.

すべての植物体中に形成されるが,綿やバクテリアセルロースを除けば,リグニンならびにヘミセルロースと共存し,いわゆるリグノセルロースとして存在している.リグノセルロースは,通常の熱圧加工では熱流動性を示さない.それはセルロースが,立体規則性をもち,官能基として水酸基をもち,これらが結晶構造を形成するためである.この性質のために,セルロースはガラス転移点や融点をもたず,約320°C以上で熱分解し炭化する.そこで,誘導体として融解性を高めたり,成形性を高める試みが数多くなされている.セルロース誘導体は,セルロース分子中の水酸基をエステル化またはエーテル化することにより製造される.置換基の種類,置換度,重合度により種々の誘導体が得られる.セルロースとその誘導体を用いて,その生分解性をいかした医用材料が開発されている.

カニ,エビなどの甲殻動物が,図6.3に示す化学構造をもつキチンと呼ばれるポリマー多糖を作ることもよく知られている.自然界ではセルロースについで多く産生されている.キチンの化学構造はセルロースに似ており,セルロースを構成するグルコースの第2位の炭素の水酸基がアセトアミド基に置換されたもので,分子量は数万から数百万のものまである.キチンをアルカリで処理して脱アセチル化したものがキトサンで,天然にも存在する.これは,自然界に存在する唯一の塩基性ポリマーである.酸性水溶液に対して溶解性があり,この水溶液を溶解後アルカリ固定して,種々の機能をもつ製膜素材の開発が行われている.このカチオン性のキトサンは,セルロースと化学構造が似ていることから,アニオン性のセルロースと親和性が良好である.これらを組み合わせることにより,フィルムなどへの良好な成形性をもち,水中で十分な強度を保ち,土壌中のみで分解される複合素材などとして,生分解性プラスチック開発への応用が進められている.

6.1.3 化学合成ポリマー

これまでに述べた微生物産生ポリマーや動植物由来の天然ポリマーのような生分解性ポリマーを,化学合成により人工的に作ることが可能である.脂肪族ポリエステル,ポリビニルアルコール(PVA),ポリエチレングリコール(PEG),ポリウレタン(PU),ポリエーテルなどは,化学構造によっては生分解されることが知られている.化学合成ポリマーの分解されやすさを表6.1にまとめる.

化学合成ポリマーのうち,ポリカプロラクトン,ポリグリコール酸,ポリ乳酸といった脂肪族ポリエステルについての研究が多数行われている.環状モノマー

6.1 生分解性ポリマー

表 6.1 化学合成ポリマーの分解されやすさ

項目	分解性
分子量	低分子量＞高分子量
融点	低い＞高い
親水性	親水性＞疎水性
構造	脂肪族＞芳香族
	鎖状＞環状
	（直鎖状のものが分解されやすく，側鎖が多いほど分解されにくい）
結晶性	非結晶性＞結晶性
結合	エステル結合，ペプチド結合＞アミド結合
	（不飽和結合をもつものは分解されにくい）

$$\text{ε-CL} \xrightarrow{\text{開環重合}} -[(CH_2)_5-COO]_n-$$
PCL

$$n(HO-CH_2-COOH) \xrightarrow{\text{縮合重合}} -(CH_2-COOH)_n- \xrightarrow{\text{解重合}} \text{グリコリド} \longrightarrow -(CH_2COO)_n-$$
グリコール酸　　　　　　　　　低分子量PGA　　　　　　　　　　　　　　　　　　　　　　　　高分子量PGA
　　　　　　　　　　　　　　　　　+ n H$_2$O

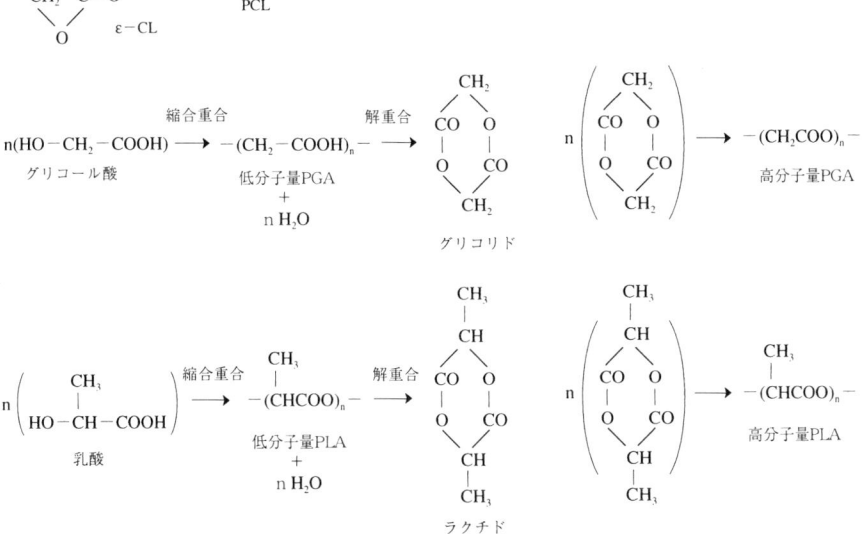

$$n\begin{pmatrix}CH_3\\HO-CH-COOH\end{pmatrix} \xrightarrow{\text{縮合重合}} -(CHCOO)_n- \xrightarrow{\text{解重合}} \text{ラクチド} \longrightarrow -(CHCOO)_n-$$
乳酸　　　　　　　　　　　　低分子量PLA　　　　　　　　　　　　　　　　　　　　　　　　　　　高分子量PLA
　　　　　　　　　　　　　　　　+ n H$_2$O

図 6.6 PCL，PGA，PLA の化学構造と合成

の ε-カプロラクトン：(ε-CL) を熱と触媒の作用により開環重合させるとポリ (ε-カプロラクトン)：(PCL) が生成される（図 6.6）．PCL は低分子量であり，イソシアネートと反応させ，PU 発泡体，弾性体，塗料，接着剤の原料として用いられている．高分子量 PCL を得るためには，アニオン重合，カチオン重合などが行われる．PCL の生分解性については多くの報告があり，種々のリパーゼが脂肪族ポリエステルを分解することが確認されている．ポリカプロラクトンは

融点が60°Cと低く, 汎用プラスチックとしてのホモポリマーの実用性は乏しいが, 天然高分子と同程度のすぐれた生分解性を有している. この性質を利用して, 種々の生分解性ポリマーとの複合化により, 実用化を目指した研究が行われている.

ポリグリコール酸 (PGA), ポリ乳酸 (PLA) も PCL と同様に生分解しやすい構造をもつ脂肪族ポリエステルである (図6.6). PGA は結晶性が高い. PGA と PLA の融点はそれぞれ230〜240°C, 180°Cと高く, 成形加工に適し, 実用的な機械強度を有している. また, 結晶融解温度よりも若干高い温度で容易に熱分解することも知られている. PGA と PLA は, 医用材料として生体吸収性をもつ縫合糸として実際に使用されており, 天然産のコラーゲンの代替材料としての応用が期待されている.

ポリウレタン (PU) 樹脂は, 分子内に水酸基 OH を二つ以上もつアルコール (ポリオール) とイソシアネート基 CNO を二つ以上もつポリイソシアネートから重付加反応で合成される熱硬化性樹脂 (ウレタン結合をもつ) のことをいう. 2種類の化合物を選択することにより, いろいろな性質の PU 樹脂を作ることができる. 一般に, 2価のアルコール (ジオール) として, エチレングリコール, プロピレングリコール, 2価のイソシアネート (ジイソシアネート) として, ヘキサメチレンジイソシアネートやトリレンジイソシアネートで作られる. ウレタン樹脂を発泡構造に成形したものは, マットレスやクッションの材料として使用されている. 生物に対する親和性にすぐれているため, 医用材料として人工血管などへの応用が考えられている. 生分解性をもたせるために, 水酸基をもつポリ乳酸とカプロラクトンの共重合体を作り, ジイソシアネート化合物と反応させるという試みがある. このような生分解性の向上と, コストの低下を目指してさまざまな研究が行われている.

化学合成による新しい生分解性プラスチックとして, ビオノーレと呼ばれる脂肪族ポリエステルが開発されている. 高強度で, ポリエチレン (PE) に似た加工性を有し, 熱可塑性のフィルム状に成形できる. 2価のアルコール (ジオール) と2価の脂肪族 (ジカルボン酸) を原料に脱水縮合によって作られる. 機能性材料としての実用化が期待されている. ビオノーレの延伸強度は PE よりはるかにすぐれ, ポリエチレンテレフタラート (PET) に匹敵し, 融点は 90〜120°C で, PE なみの成形加工性を有し, さまざまな形状に成形できる.

6.1.4　生分解性プラスチックの開発

　微生物産生ポリマーと動植物由来の天然ポリマーは，自然界における物質循環により産生されるもので，環境負荷がきわめて小さい．一方，人工化学合成ポリマーは，汎用性という観点から期待が大きい．しかしながら，一般に，PE やビニル系の汎用高分子は，微生物分解を受けない．それは，主鎖の（―C―C―）結合を直接切断する酵素が，特殊な例を除いて自然界に存在しないことによる．自然界に存在する高分子と距離のある人工合成高分子を，微生物で分解することはきわめて困難である．しかし，ここで取り上げた，生分解性プラスチックの精力的な基礎研究と実用化研究によって，汎用ポリマーに匹敵する物性をもつものも現れつつある．いずれも再生資源である生物資源を原料として製造できる．現時点では医用分野などの特定の目的に使用する場合を除いて，従来望まれてきたディスポーザブルの用途として，生分解性，プラスチックとしての物性機能および価格などのすべての条件を満足するポリマーは，いまだ開発されていない．これからは，微生物により分解されるようにデザインされたポリマーの合成とともに，微生物産生ポリマー，動植物由来の天然ポリマーと組み合わせるなどして，汎用高分子として利用されることが望まれる．

6.2　プラスチックリサイクル

　わが国で 1 年間に生産されるプラスチックの量は 1500 万トンに達し，廃棄される量は 1000 万トンをこえている．プラスチック処理促進協会によると，1 年間に廃棄されるプラスチックの内訳は，1993 年には一般廃棄物 419 万トン，産業廃棄物 337 万トン，その合計は 756 万トンであったが，1997 年にはそれぞれ 478 万トン，471 万トン，合計 949 万トンにも及んでいる．この間，1 年に 50 万トンものペースで増加しており，産業廃棄物の量が急増している．図 6.7 に，1997 年のプラスチック製品・廃棄物・再資源化フローを示す．廃プラスチックの約 50％は焼却され，34％が埋め立てられ，12％が再生利用されている．焼却のうち，発電や熱などとしてのエネルギー利用は約 55％で，再生利用と合わせても，有効利用されている量は全廃プラスチックの半分に満たない．

　プラスチックをリサイクルする方法は，大別すると，マテリアルリサイクル（再生利用），ケミカルリサイクル，サーマルリサイクル（熱的利用）の三つに分類することができる（図 6.8）．ここでは，わが国におけるこれらの研究開発の

6. 環境材料

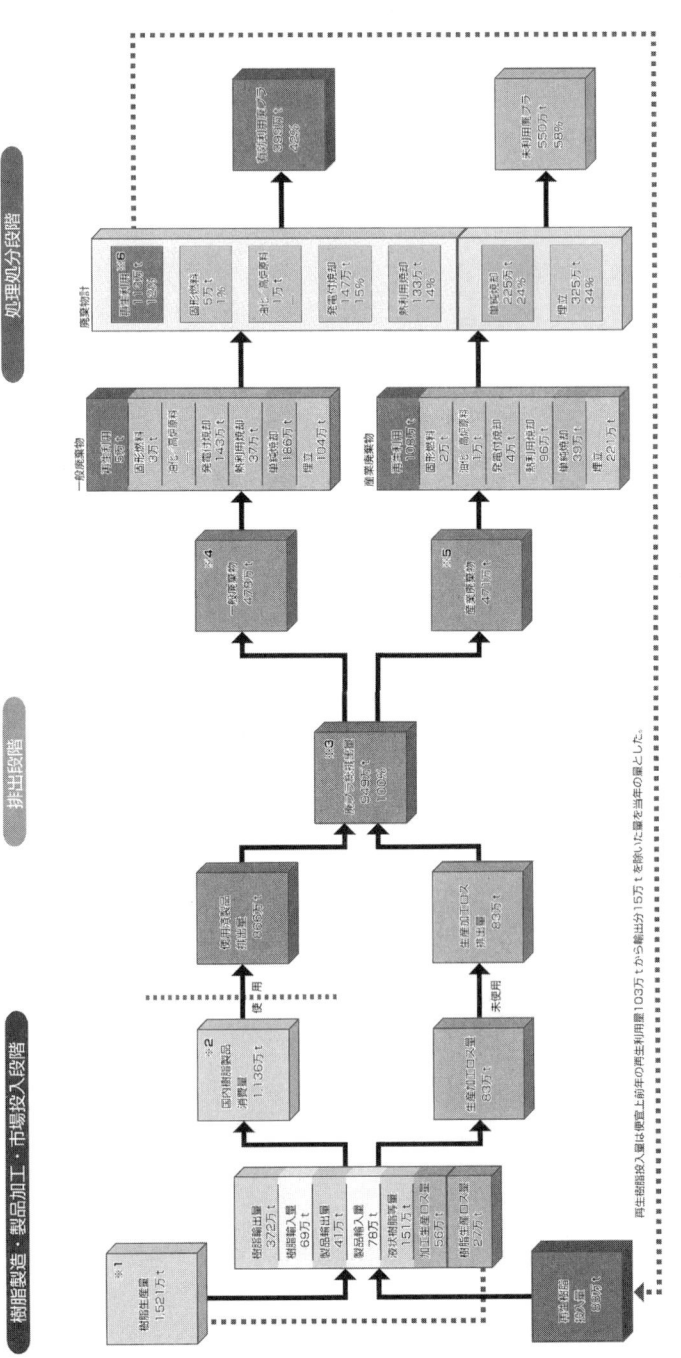

図6.7 プラスチック製品・廃棄物・再資源化フロー（文献4），p.2, 3より）

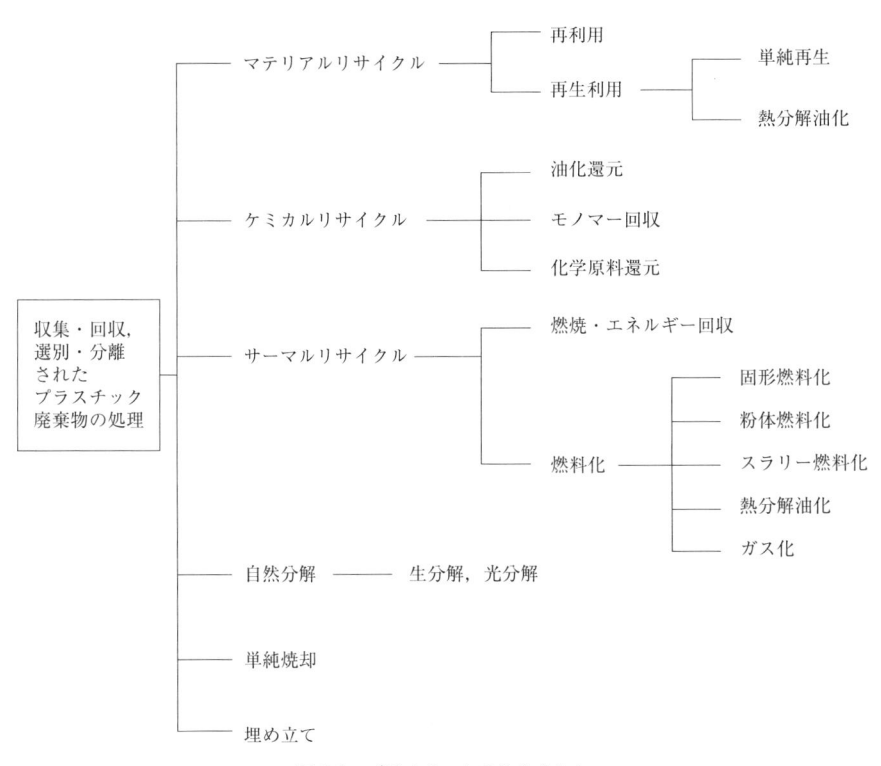

```
                              ┌─── 再利用
              ┌─ マテリアルリサイクル ─┤                  ┌─ 単純再生
              │               └─── 再生利用 ─┤
              │                              └─ 熱分解油化
              │
              │                  ┌─── 油化還元
              ├─ ケミカルリサイクル ─┼─── モノマー回収
              │                  └─── 化学原料還元
収集・回収,    │
選別・分離     │                  ┌─── 燃焼・エネルギー回収
された      ──┤                  │              ┌─ 固形燃料化
プラスチック   ├─ サーマルリサイクル ─┤              ├─ 粉体燃料化
廃棄物の処理   │                  └─── 燃料化 ───┼─ スラリー燃料化
              │                                 ├─ 熱分解油化
              │                                 └─ ガス化
              │
              ├─ 自然分解 ─────── 生分解,光分解
              │
              ├─ 単純焼却
              │
              └─ 埋め立て
```

図 6.8 プラスチックのリサイクル

現状についてまとめる.

6.2.1 マテリアルリサイクル

　マテリアルリサイクルとは，プラスチック廃棄物を樹脂として使用する方法で，化学的変化を伴わず，破砕・粉砕などしてペレットを作成し，原料として再利用するものである．使用される廃プラスチックは汚れが少なく，数量がまとまる必要がある．回収された廃プラスチックは，再生処理施設に運ばれ，選別，破砕，金属分離，洗浄，異物分離，乾燥，造粒の過程を経てペレットになる．異種のポリマー分子は一般に非相溶であるために，マテリアルリサイクルでは廃プラスチックをできるだけ単一種類で回収することが重要である．混合廃プラスチックの分別には，比重差，重量差を利用したり，電磁場やX線を用いるなど，さまざまな物理的手法が用いられる．このように，単一樹脂として再生ペレットとした後に，再生樹脂として利用するために，単独でまたはバージン樹脂と混合し

再度成形品にする方法（単純再生）と，性質の類似したいくつかの樹脂が混合したままの状態で，再ペレット化することなく，溶融し製品に成形する方法（複合再生）がある．マテリアルリサイクルは，一般にはバージンの原料と比較すると品質劣化は避けられない．再生樹脂を成形品として使用するためには，成形品の用途により，品質劣化，色むら，臭いなどの問題を解決する必要がある．また，最終的には廃棄物となるので，その処理が問題視される．

マテリアルリサイクルの代表例は，一般廃棄物の中で，比較的汚れの少ない状態で分別回収できるポリエチレンテレフタレート（PET）ボトルである．PETボトルは，1997年に醬油用ボトルに使用されて以来，軽量，透明性，耐久性などの利点から急速に普及し，現在では，PETボトルの全体の7割を清涼飲料用が占めている．1995年の容器包装リサイクル法（通称，後述）により回収率が急速に増大し，1998年には全生産量25万トンのうち約20％近くが回収されている．再生PET樹脂の用途としては，再びもとのボトルに戻す（ホリゾンタル型リサイクル）ことが理想的であるが，現状では非食品用途に限られており，シート製品，衣服類の繊維製品，洗剤ボトルなどの成形品が大半を占めている（カスケード型リサイクル）．後述するように，PETを化学的にリサイクルし，モノマーやオイル化する研究も進んでいるが，再生ポリエステル糸の衣料製品へのマテリアルリサイクルなど，その長所をいかしたリサイクルシステムの整備が望まれる．

6.2.2 ケミカルリサイクル

ケミカルリサイクルは，廃プラスチックを溶解・分解して化学的に処理する方法で，モノマーや低分子に解重合あるいは分解したり（フィードストックリサイクル），化学原料や液体原燃料として使用する方法（ヒュエルリサイクル）に大別される．エネルギー的に有利なマテリアルリサイクルは，品質面，用途面あるいは埋め立てや廃棄物処理に一定の限界があるため，クローズドループのリサイクルとして，このケミカルリサイクルが大いに期待されている．また，有害物質対策が容易であり，環境保全の点ですぐれている．ガス化や油化などの研究開発が盛んに行われており，廃プラスチックの熱分解により得られる生成物を，触媒を用いて接触分解して，分解ガスや分解油といった燃料化する方法が進んでいる．ただし，回収システムの確立，回収率がどこまで上げられるかといった技術的な課題，分解副産物の処理，コストの面で課題があり，現時点では，本格的に

実用化されるには至っていない．

　ポリエチレン（PE），ポリプロピレン（PP），ポリスチレン（PS），PETなどの混合プラスチック廃棄物を熱分解して，オイルに戻す（油化還元）技術には次の三つがある．無酸素中，高温（650〜800℃）での単純熱分解，熱分解（400℃）後200℃前後の触媒槽中に通す接触熱分解，高圧水素中300〜500℃で行う水添法である．熱分解油化還元技術の特徴は，表6.2のようにまとめられる．PE, PP, PS, PETなどのポリオレフィン系およびスチレン系プラスチックについては，ゼオライト触媒を用いた接触分解油化技術が開発され，プラスチック廃棄物を燃料油として回収するプラントが稼働している．

　一方，各種モノマーの回収技術も盛んに研究されている．表6.3に示すように，PET, ナイロン（ポリアミド，PA），ポリウレタン（PU），ポリカーボネート（PC）のように，アルコール分解，加水分解により比較的高収率でモノマーに戻すことができるポリマーもある．これらは，欧米を中心に開発が行われており，一部は商業化されている．

　PETは，テレフタル酸（TPA）またはテレフタル酸ジメチル（DMT）ユニットとエチレングリコール（EG）ユニットのエステル結合による繰り返し構造であることから，加アルコールや加水分解により解重合する（図6.9）．溶解，加水分解プロセスとして，メタノール分解（メタノリシス），エチレングリコール分解（グリコリシス），エステル交換，エチレングリコール分解/エステル交換併用法があり，いずれも実用化されている．例えば，PETをメタノール溶媒中で解重合（メタノリシス）するとDMTとEGが得られる．この生成物を原料とした再生PETは食品梱包用として利用されている．DMTからPETを作成するときに使用するエステル交換反応触媒（例えば，酢酸亜鉛）では，TPAを使用した場合に比べて品質が悪化する．また，メタノールが副産物として生成する場合もあり，その利用方法を考える必要がある．低純度の再生PETから，食品用材料としての再生PETを製造できるメタノール分解技術の開発が期待されている．

　PAの中でも，ナイロン6は，ε-カプロラクタムをモノマーとして開環させることによる重付加や，ε-アミノカプロン酸の重縮合による平衡反応により得られ，解重合させるとモノマーに戻すことができる．反応器内で，過熱水蒸気と酸性触媒としての硫酸を加えて分解され，ε-カプロラクタムとなり，ナイロン6

表 6.2 熱分解油化還元技術の特徴（プラスチック処理促進協会）

熱分解方式	技術の特徴				生成油の品質（燃料）	備考
	触媒	分解温度（℃）	圧力（kgf/cm²）	収率（%）		
接触熱分解方式 固定相（触媒）ーガス接触反応	合成ゼオライト（ZSM-5）	熱分解槽 390 接触分解槽 310	常圧	80〜90	ガソリン（オクタン 90 以上）軽油, 灯油	・電力, 蒸気は自給自足 ・PET, N分を含む樹脂は不適（PETはライン閉塞の原因となる）
高速循環加熱方式 24 hr 連続式	無触媒	400	常圧	80	A 重油, 軽油	
撹拌槽, バッチ式	金属触媒 (Al, Ni, Cu など)	400	常圧	80〜90	C4 留分を主体とする燃料油	・PVC は装置の腐食のため使用できない
2段熱分解方式 固定相（触媒）ーガス接触反応 バッチ式	金属触媒 耐 Cl 性あり（重金属を含まない, 埋め立てて可能）	1段 450 2段 300〜400	常圧	60	ガソリン, 灯油, スチレンなど（脂肪族炭化水素が多い）	・PVC, N分を含む樹脂も可能
高濃度アルカリ水溶液添加法, 加圧熱分解方式	無触媒（アルカリ添加）	400〜500	10	オレフィン系 80	ガソリン, 灯油	・PVC, N分を含む樹脂も可能
1段熱分解方式 バッチ方式	無触媒	380〜400	樹脂により可変	80	A 重油相当の乾留燃料油	
乾留炉, 廃タイヤの熱分解と併用	無触媒	600	常圧	廃タイヤと混合するため低い	不明	・PVC は HCl ガス除去設備がないため, 使用不可
研究中	Y 型ゼオライト	研究中	研究中	不明	軽質油 45% 高オクタン価	・高オクタン価の軽質油にて分解することが特徴
無撹拌竪型反応槽	無触媒	300〜420	常圧	不明	不明	・Cl による腐食問題あり ・処理量の10倍の反応槽が必要
廃プラ熱分解・発電方式 バッチ方式またはセミバッチ方式, エンジン発電機付き	アルミナ系	400	常圧	80	電力 AC 200 V, 60 Hz	・小型化可能 (50 kg/hr)
堅型反応槽 1 段反応	金属触媒, 特殊添加剤	詳細不明	常圧 詳細不明	詳細不明	熱分解油 詳細不明	・技術に明確でない点が多くあり, 評価困難
同上	同上	同上	同上	同上	灯油相当品	
2段熱分解加熱バッチ式	金属触媒	360	常圧	同上	A 重油相当	
高周波誘導加熱 連続式およびバッチ式	Na-A 型および X 型 合成ゼオライト系	250〜500	常圧	85〜90	工業用ガソリンから灯油留分まで	・液化減容化技術と熱分解技術の組合せ

表6.3 ポリマーのモノマーへの解重合プロセス

ポリマー	モノマー	解重合プロセス
PET	DMT/EG	メタノール分解・グリコール分解
ナイロン	カプロラクタム	加熱水蒸気下での触媒分解
ポリウレタン	ポリオール/アミン	グリコール分解
ポリカーボネート	ビスフェノールA	加水分解
PMMA	MMA	熱分解
PS	SM	熱分解
POM	ホルマリン	熱分解

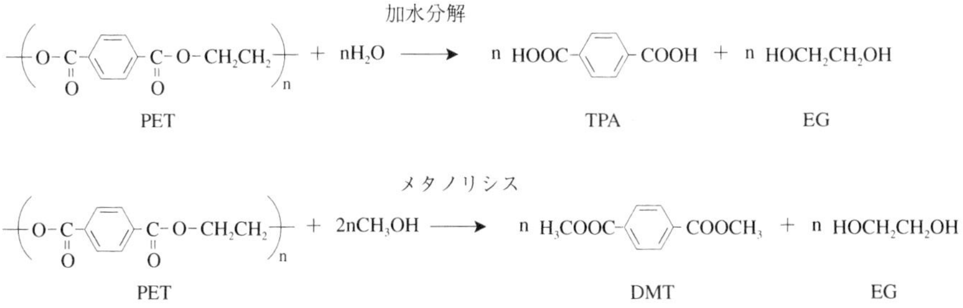

加水分解

$$\text{-}(O\text{-}C\text{-}C_6H_4\text{-}C\text{-}O\text{-}CH_2CH_2\text{-})_n + nH_2O \longrightarrow n\ HOOC\text{-}C_6H_4\text{-}COOH + n\ HOCH_2CH_2OH$$

PET　　　　　　　　　　　　　　　　　TPA　　　　　　　　EG

メタノリシス

$$\text{-}(O\text{-}C\text{-}C_6H_4\text{-}C\text{-}O\text{-}CH_2CH_2\text{-})_n + 2nCH_3OH \longrightarrow n\ H_3COOC\text{-}C_6H_4\text{-}COOCH_3 + n\ HOCH_2CH_2OH$$

PET　　　　　　　　　　　　　　　　　DMT　　　　　　　　EG

図6.9 PETの加水分解とメタノリシス

の製造に再利用することができる．PA以外の不純物の影響を除去することが技術的課題で，コストを下げることが重要とされている．

　PUは，主鎖の繰り返しユニットにウレタン結合をもつ高分子化合物の総称である．その廃棄物の処理方法の中でも，化学分解による方法が多用されている．PUは化学分解によりポリオールや置換アミンを再生することができる．加水分解法，加アルコール分解法，加アミン分解法による，化学的分解（ケモリシス）が一般的である．また，特殊触媒系によるグリコリシス反応を利用した分解再生法，ヌレートフォーム（イソシアヌレート環を有するフォーム）の簡易再生法の開発が，実用を目指して行われている．

　PCは，NaOHで処理することにより，出発原料であるビスフェノールAとNa_2CO_3に還元され，再度PCとして重合することができる．

　ポリメチルメタクリレート（PMMA）は，熱分解によりMMAモノマーに95％以上の収率で分解される．製造，加工工程から出るPMMAの廃材は，マテリアルリサイクルやこのケミカルリサイクルにより，すでに実際にリサイクルされている．今後PMMAの消費が増加することが予想され，一度市場に出た

PMMA製品のリサイクルのために，ケミカルリサイクルのための解重合技術の向上が期待される．

ポリアセタール（POM）は，オキシメチレン基が直鎖上に結合した主鎖に，エーテル結合をもつ結晶性高分子で，エンジニアリングプラスチックスの代表として多用されている．平衡重合系のポリマーであり，技術的には容易に解重合してモノマーに戻るので，ケミカルリサイクルに適している．しかし，現実には，分別回収が容易でないために，実用化が難しい．

ポリ塩化ビニル（PVC）は，その重量の約60％は塩素であり，200°C以上に加熱することにより塩化水素を発生させることができる．この塩化水素をモノマー合成プロセスに組み込むことにより，ケミカルリサイクルが可能である．

最近，廃プラスチックを部分酸化して，水素と一酸化炭素を含むガス燃料として利用したり，メタノールを合成して，燃料や工業原料として利用する技術が開発されている．また，PVCを含むプラスチック廃棄物の高炉原料化リサイクル技術の開発も行われている．これは，上記の再生樹脂の原料に適さない，処理しにくい廃プラスチックの再利用としての，フィードストックリサイクルと考えられる．

わが国においては，廃プラスチックの燃料源（灯油など）としての油化還元が，各地で小規模で実施されているのが現状である．それは，地域における都市ごみ問題，プラスチック加工メーカーの産業廃棄物の処理方法の一つとして行われているにすぎない．一方，欧米では，石油化学メーカーが中心となって廃プラスチックの利用が大規模に行われている．すなわち，化学原料還元として，混合プラスチック廃棄物を熱分解して，液状のハイドロカーボンを製造して，それを石化原料とする技術，超高温中でガス化して水性ガスを製造し，それを化学原料とするといった技術が，プラントを建設して実施する段階にある．

6.2.3 サーマルリサイクル（エネルギーリサイクル）

サーマルリサイクルは，廃棄物を直接焼却し，その熱を利用して電気や蒸気を回収するもので，エネルギーリサイクル，エネルギーリカバリーとも呼ばれている．プラスチック廃棄物をそのまま直接燃焼し，発電用や温水などの熱源としてエネルギー回収する方法と，紙や木材と一緒に混ぜて，破砕成形していったん燃料化した後，燃焼してエネルギー回収する方式とに分けられる．

プラスチック廃棄物の焼却炉での燃焼については，有害ガスや煤，ダイオキシ

ンの発生，クリンカー（粒状塊）による炉の損傷など，マイナス面が強調されてきた．しかし，本来プラスチックは石油が原料であり，発熱量が大きく，灯油や重油と同等の石油燃料になりうる可能性がある．マイナス面を克服するためには，最適な燃焼技術を確立することが必要である．最近，ごみを2段階に加熱してガス化，原燃料化するガス化溶融法が開発され，次世代の処理技術として注目されている．

十分分別されたプラスチック廃棄物は，一般の石油燃料のように性状の安定した高発熱量の良質な燃料とすることができる．プラスチック廃棄物の組成や性状が，地域性，分別形態，経済性に依存するため，燃料化にはさまざまな方法がとられるが，いずれにせよ高い燃料効率が得られる．一方，ごみ発電などの燃料として再利用する場合，燃料として排出される廃棄物の状態（ラベル，不純物，着色，結晶化度など）が一定でないために，高いエネルギー回収率は期待できない．また，焼却残灰については，マテリアルリサイクルによる廃棄物と同様，最終処理の問題が残る．最近，廃棄物を2段階に加熱してガス化，原燃料化するガス化溶融法が開発され，実用段階にある．

また，都市ごみや，廃プラスチックとの混合物に石灰などを加えて，押出機でペレット状として，これを焼却することによりエネルギー回収するRDF (refuse derived fuel) 技術が注目を集めている．廃プラスチックのみを原料とし，生石灰を混合して成型したものは，発熱量が高く，効率のよいごみ発電用燃料として期待されている．

6.2.4 その他のプラスチックリサイクル

多くの汎用プラスチックは，本来耐久性にすぐれており，再生処理を必要としないリユース（再利用）を前提とした材料設計も重要である．例えば，リターナブルプラスチック容器の利用があげられる．容器として回収したPETを，洗浄，再充填して利用するといったリユースは，ヨーロッパでは進んでおり，ドイツでは洗浄液として1.5％の水酸化ナトリウム水溶液と0.1％特殊洗剤水溶液を用いている．洗浄回数はコカコーラなどのガス入り飲料水で約20回，牛乳やミネラルウォーターなどのノンガス飲料水で50回から100回までが限界であり，その後はケミカルリサイクルなどの用途に利用される．リユースは，使用できる回数の増加と，最後に残ったボトルをどうするかが問題となると思われる．

PS系樹脂として，梱包材などに多用されている発泡スチロール（EPS）のリ

サイクル手法として，d-リモネンを用いた付加価値を高めたリサイクル技術が開発されている．d-リモネンは柑橘系植物精油で，天然の柑橘類の皮に含まれるテルペノイドの油で，食品添加物としても用いられ，PSの良溶媒である．室温で溶解するためにEPSの熱劣化がなく，d-リモネンに溶解させることで輸送体積を1/20以下に減少させることができる．回収されたPSリモネンは，減圧加熱により，リモネンとPSに分離する．EPS以外の異物（オレフィン系の発泡樹脂，ラベル，ほこりなど）はd-リモネンへの溶解度が低いため，容易に除去することができる．再生PSは，ガラス転移温度や力学特性が新品PSに匹敵し，これを100％使用したEPSは発泡セルの大きさが新品材料より大きく，強度がやや低下するものの実用上問題がなく，新しいリサイクル技術として期待できる．

一方，超臨界水を用いた新しい技術が開発されている．臨界温度（374℃）および臨界圧力（22.1 MPa）になると，水は気体/液体の両方の性質をもつ高密度流体となる．この状態を超臨界状態といい，この状態では，通常の水では溶解しない有機系物質を溶解することが可能になる．例えば，PETのようにエチレングリコールとテレフタル酸を脱水縮合重合したものは，超臨界水を反応溶媒として用いると，容易に短時間で加水分解されてもとの原料にすることができる．PETの加水分解では，DMTが生成せずにTPAが生成するので，また，高温高圧の水を使用するため余分な有機溶剤を用いないで分解できる．現在のところ，TPAが90％，EGが20％の回収率であり，回収効率の向上が課題である．回収効率が向上しないのは，EGなどがさらに分解して副生成物となるからである．回収効率が高く副産物の生成が少ない技術の開発が望まれる．

6.3 持続的発展を可能にする環境材料

日本における廃棄物の処理と再資源化に関連する主な法律は，表6.4に示す通りである．一般廃棄物中の容器包装の再商品化を目的として，1995年度に「容器包装リサイクル法」（容器包装に係る分別収集及び再商品化の促進等に関する法律）が成立した．分別回収された容器包装をリサイクルするために，樹脂製造や飲料メーカーなどの業界，自治体，消費者の役割が規定されている．プラスチックは，軽くて丈夫で，耐薬品性があり腐らない，成形加工しやすく安価であるなどのすぐれた性質をもち，急速に日常生活のあらゆる分野に普及した．金属，

表 6.4 日本における廃棄物の処理と再資源化に関連する主な法律

法律の名称（通称）	制定/改正年度
廃棄物の処理及び清掃に関する法律（廃棄物処理法）	1970/1997
再資源化の利用の促進に関する法律（リサイクル法）	1991
容器包装に係る分別収集及び再商品化の促進等に関する法律（容器包装リサイクル法）	1995
特定家庭用機器再商品化法（家電リサイクル法）	1998

セラミックス，半導体などとともに，先進技術を支える素材として多用されてきた．プラスチックの長所が逆に，かさばる，処理しにくいといった問題を引き起こし，その結果，廃棄されるプラスチック量の急激な増大が，廃棄物処理の中でも深刻な問題の一つとなっている．リサイクルには，分別回収，再生処理，再製品の使用の段階が考えられる．最近では，わが国におけるリサイクルの意識が高まってきたとはいえ，リサイクルの現状は，分別回収に偏り，品質の低下を伴う再利用，または単純な廃物利用にとどまっている．ここで取り上げた，再生可能なプラスチックの有効利用とリサイクルは，物質循環型社会を実現するために大変重要かつ有効な手法の一つである．プラスチックが作製されてから廃棄されるまでのすべての過程を"環境負荷"の観点から分析する必要がある．その有力な手法である LCA（life cycle assessment）の活用についても，さらに発展が期待されている．持続発展可能な社会作りのために，環境材料としてプラスチック開発が，これからの高分子材料開発に求められている．

付録
高分子の特性解析

高分子の特性解析（キャラクタリゼーション, characterization）とは, ある高分子に特有な構造・物性を分析, 測定し, その高分子がどのようなものであるか特徴づけを行うことをいう. 特性解析は, 解析を行う特性（characteristics）によって二つに分けることができる. すなわち, 分子量, 分子量分布, 化学構造, 立体規則性など, 一つの分子としての高分子の特徴づけを行う分子特性（molecular characteristics）解析と, 結晶構造, 結晶化度など集合状態にある高分子鎖の空間的な配列にかかわる物質特性（material characteristics）解析がある. ここでは, それぞれの特性解析の代表的な方法を述べる.

A.1 分子特性解析

A.1.1 分子量

高分子の分子量の測定は, 一般に高分子が孤立した状態にある希薄溶液の性質を用いて行われる. 2章で述べたように, 高分子は分子量に分布をもつために, 求められる分子量は平均分子量である. さらに, 用いる測定法によりそれぞれ異なる（数平均, 重量平均など）平均分子量が得られる. また, それぞれの測定法で可能な分子量範囲がある.

(1) 浸透圧法　　溶液と純溶媒を半透膜で隔てておくと, 溶媒の化学ポテンシャルは溶液の方が低いために, 溶媒が純溶媒側から溶液側へ浸透する. この溶媒の浸透を妨げて系を平衡に保つために溶液側に加えられる余分な圧力を溶液の浸透圧（osmotic pressure）という（図A.1）. 希薄溶液では, 浸透圧 π は

$$\frac{\pi}{RT} = \frac{C}{M_n} + A_2 C^2 + A_3 C^3 + \cdots \quad (A.1)$$

と表される. ここで, R, T, A はそれぞれ気体定数, 絶対温度, ビリアル係

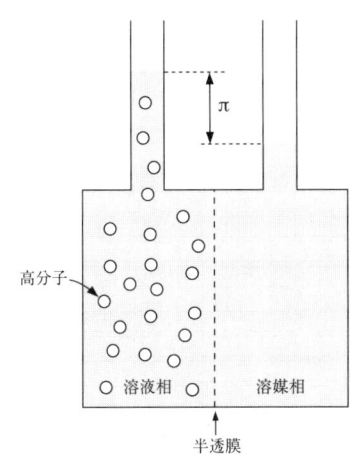

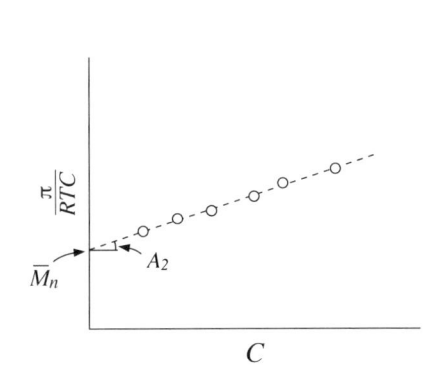

図 A.1 高分子の示す浸透圧   **図 A.2** 高分子溶液の浸透圧と濃度の関係

数を表し,濃度 C は溶液単位体積当たりの溶質の質量である.高分子濃度 C を変化させて浸透圧を測定し,π/RTC を C に対してプロットし,高分子濃度をゼロに外挿すれば,その切片より数平均分子量 $\bar{M}_n$ が求められる(図 A.2).

(2) 光散乱法 溶液中の濃度の揺らぎに起因する屈折率の不均一によって散乱される光の強度(図 A.3)から分子量を求めることができる.濃度揺らぎの大きさは,浸透圧圧縮率 $(\partial\pi/\partial C)^{-1}$ に比例し,それによる光の散乱強度 I は $I \propto (\partial\pi/\partial C)^{-1} = (1/M + 2A_2C + \cdots)^{-1}$ で表されるので,光散乱強度の測定から分子量が求まる.具体的には次式を用いる.

$$\frac{KC}{R(0)} = \frac{1}{M} + 2A_2C + \cdots \quad (A.2)$$

ここで $K = 4\pi^2 n^2 (\partial n/\partial C)^2 / \lambda^4 N_A$ (n:溶液の屈折率,$(\partial\pi/\partial C)$:濃度増加による屈折率増分,λ:光の波長,N_A:アボガドロ数),$R(0)$ は散乱角 $\theta = 0$ における溶質による過剰散乱のレイリー比である.高分子鎖内の散乱の干渉により,散乱強度は一般に散乱角 θ に依存し,散乱角 θ におけるレイリー比 $R(\theta)$ は $R_g(4\pi/\lambda)\sin\theta/2 < 1$ (R_g:慣性半径)では $C \to 0$ の極限として

$$R(\theta) = KCM\left\{1 + \frac{\langle R_g^2 \rangle}{3}\left(\frac{4\pi}{\lambda}\right)^2 \sin^2\frac{\theta}{2} + \cdots\right\} \quad (A.3)$$

と表せる.この式を用いると,散乱光強度の散乱角依存性より高分子鎖の平均二乗慣性半径 $\langle R_g^2 \rangle$ を求めることができる.通常 Zimm プロットと呼ばれる図 A.4

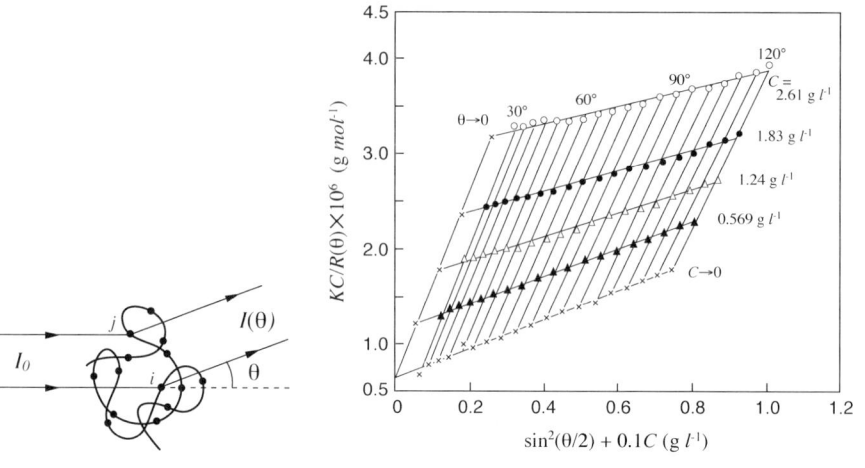

図 A.3　高分子鎖からの光散乱

図 A.4　Zimm プロットの例
ポリスチレンのベンゼン溶液 35°C, $\lambda = 488$ nm.

のようなプロットを行い，$KC/R(\theta)$ 軸の切片より重量平均分子量 $\bar{M}_w$，$C \to 0$ での傾きから $\langle R_g^2 \rangle$，$\theta \to 0$ での傾きから A_2 が求められる．

(3) 粘度法　固有粘度 $[\eta]$ と分子量の関係が既知の高分子についての $[\eta]$ の測定より分子量を求める方法である．濃度 C (g/dl) の溶液の粘性率を η，純溶媒の粘性率を η_0 とすると $[\eta]$ は次式で定義される．

$$[\eta] = \lim_{C \to 0} \frac{\eta - \eta_0}{C \eta_0} \tag{A.4}$$

$[\eta]$ と分子量の関係は Mark-Houwink-Sakurada の式

$$[\eta] = K M^a \tag{A.5}$$

の形で表される．定数 K，a はさまざまな高分子溶液系について知られているので，K，a の既知な溶媒を用いることができれば，$[\eta]$ から M を知ることができる．毛細管粘度計（図 A.5）で測定できる簡便な方法として用いられてきた．ここで求められる分子量は，粘度平均分子量 $\bar{M}_v$ といわれ，

$$\bar{M}_v = \left(\frac{\sum M_i^{a+1} N_i}{\sum M_i N_i} \right)^{1/a} \tag{A.6}$$

である．$\bar{M}_v$ は，$\bar{M}_n$ や $\bar{M}_w$ と異なり，与えられた高分子に固有の量ではないことに注意しなければならない．溶媒や温度の変化により定数 a が変われば，$\bar{M}_v$ もまた変化する．実在の屈曲性高分子では，a は 0.5〜0.8 の間の値をとること

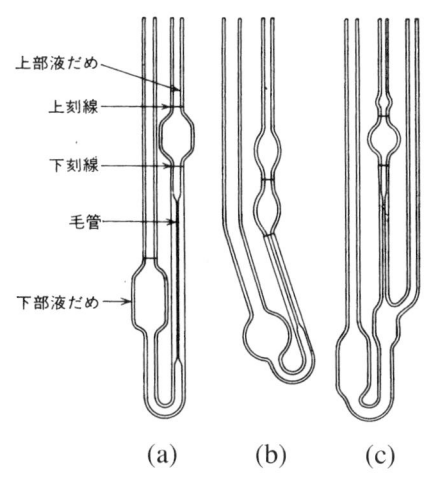

表 A.1 各種分子量測定法の比較

測定法	平均分子量	分子量範囲
膜浸透圧	$\bar{M}_n$	$10^4 \sim 10^6$
蒸気圧浸透圧	$\bar{M}_n$	$10^3 \sim 10^5$
末端基定量	$\bar{M}_n$	$< 10^5$
沸点上昇	$\bar{M}_n$	$< 10^4$
凝固点降下	$\bar{M}_n$	$< 10^4$
光散乱	$\bar{M}_w$	$10^4 \sim 10^8$
粘度測定	$\bar{M}_v$	$10^3 \sim 10^7$
沈降平衡	$\bar{M}_w, \bar{M}_z$	$10^3 \sim 10^7$
GPC	$\bar{M}_n, \bar{M}_w, \bar{M}_z$	$10^3 \sim 10^7$

図 A.5 毛管粘度系
(a) オストワルド型, (b) キャノン-フェンスケ型, (c) ウベローデ型.
(高分子学会編:高分子化学の基礎, p.121, 1978)

が知られている.

(4) その他の方法 分子鎖の末端の官能基の数を,物理的あるいは化学的方法で定量することができる場合は,これにより分子数,すなわち数平均分子量を求めることができる.そのほかに,溶液の束一的な量から数平均分子量を求める方法として,凝固点降下法,沸点上昇法がある.

(5) 分子量測定のまとめ ここには述べなかった他の分子量測定法も加えて,各種の方法から得られる平均分子量を表 A.1 にまとめた.

A.1.2 分子量分布

高分子の適当な溶媒系に対する溶解性の違いを利用して,部分溶解と沈殿を繰り返していくつかの分別物を作り,A.1.1項の分子量測定法を用いて分子量を求めれば,分子量分布を知ることができる.しかしながら,ゲル浸透クロマトグラフィー (Gel permeation chromatography;GPC) の出現により,この非常に複雑な方法はあまり用いられず,現在ではもっぱら GPC により分子量分布が用いられている.

GPC は,分子サイズの違いを利用して物質を分離する方法である.網目構造をもつ高分子多孔質ゲルをカラムに充填し,分子サイズの異なる高分子の混合物

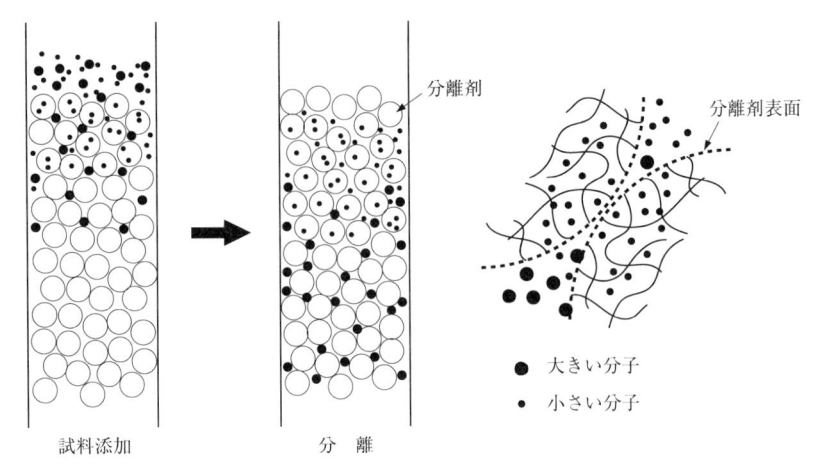

図 A.6 ゲル浸透クロマトグラフィーの概念図
大きい分子はゲル内に入れない．小さい分子はゲル内部の小さい網目の中に入ってゆく．

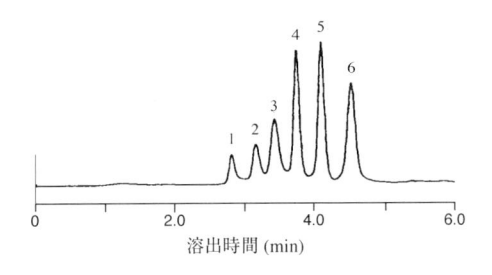

図 A.7 標準ポリスチレンの分離
カラム：TSK-GEL SuperHM-M（6.1 mm i.d.×150 mm）
溶離液：THF
流　速：0.6 ml/min
温　度：25℃
試　料：1. Mw 8420000　2. Mw 1260000　3. Mw 422000
　　　　4. Mw 107000　5. Mw 16700　6. Mw 2800
（東ソー株式会社，Separation Report No. 088）

の溶液を流すと，高分子がゲル粒子中に侵入するか否かで分子のカラム通過時間が異なる（分子ふるい効果，図 A.6）ために，分子量の高い順に溶液が流出してくる．この溶出溶液中の高分子濃度を，溶媒との屈折率差，あるいは紫外線吸収などで検出する．すなわち，試料溶液を注入してから，ある分子量の高分子が溶出するまでの溶出液の体積 V_e（溶出体積，elution volume）と溶出高分子の濃度に比例した屈折率差，紫外線吸収との関係が測定される（図 A.7）．この溶

出曲線が分子量分布をそのまま表している．定量的には，分子量既知で分子量分布の狭い標準試料を用いて，V_e に対して分子量のプロットした校正曲線（calibration curve，図 A.8）をあらかじめ求めておき，V_e を分子量に換算する．したがって GPC から求められる分子量は，あくまで標準試料を基準にした換算分子量（reduced molecular weight）である．

A.1.3 立体規則性

モノマー単位の結合様式，連鎖分布，立体規則性など化学構造の特性解析には，核磁気共鳴分光法（NMR）が主要な測定手段として用いられている．^{1}H-NMR，^{13}C-NMR を中心として化学シフトやスピン結合によるスペクトルの分裂を測定することにより，分子構造の解析を行う．同一核種でも，近傍の化学的環境により電子密度や電子分布が異なり，共鳴は異なった周波数で起こる．したがって，化学的環境の違いが異なる化学シフトを生み，それによって NMR スペクトルを化学構造と関連づけることができる．立体規則性についていえば，ダ

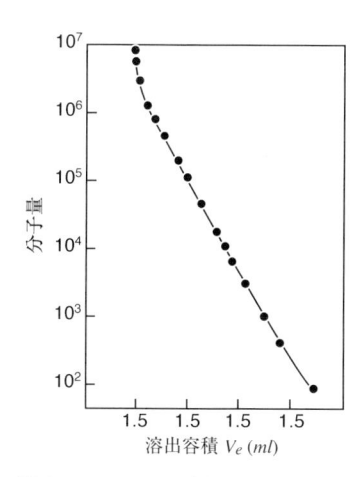

図 A.8 THF でのポリスチレンによる校正曲線
カラム：TSK-GEL SuperHM-M
　　　　（6.1 mm i.d.×150 mm）
溶離液：THF
流　速：0.6 ml/min
温　度：25°C
試　料：標準ポリスチレン
（東ソー株式会社，Separation Report No. 088）

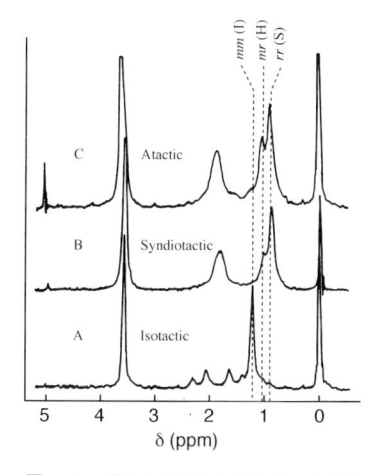

図 A.9 ポリメタクリル酸メチルの 100 MHz ^{1}H-NMR スペクトル
A：トルエン中 n-BuLi 触媒（重合温度 −78°C），B：紫外線重合（重合温度 −30°C）光増感ベンゾイン，C：熱重合（重合温度 60°C）．

イアドの立体配置が同じ (*dd*, *ll*) であるメソ (*m*) と，互いに異なる (*dl*, *ld*) ラセモ (*r*) がある．さらに，トリアドについては *mm* (トリアドイソタクチック)，*mr* (トリアドヘテロタクチック)，*rr* (トリアドシンジオタクチック) の3通りの連鎖が可能になる．これら可能な連鎖に対応する NMR が観測されれば，それらの連鎖の存在と分率が推算され，立体規則構造の詳細がわかる．図 A.9 に3種類の異なった重合法で調製されたメタクリル酸メチルの100 MHz ^{1}H-NMR スペクトルを示す．α-メチルプロトンのシグナルは 0.91，1.05 および 1.22 ppm に3本に分裂して現れる．イソタクチックポリマーでは 1.22 ppm の吸収が，またシンジオタクチックポリマーでは 0.91 ppm の吸収が最も強いことから，これら3本の分裂は低磁場側から，それぞれイソタクチック，ヘテロタクチックおよびシンジオタクチックトリアドに帰属することができる．

A.2 物質特性解析

物質特性解析は多種多様であり，ここでは解析の対象項目と代表的な測定法をまとめるだけにとどめる．測定法の詳細は，それそれの成書を参考にされたい．

特　性	主な測定方法
結晶構造	X 線回折
結晶性高分子の高次構造	電子顕微鏡，偏光顕微鏡，X 線小角散乱，中性子小角散乱
非晶性高分子の構造	X 線散乱，中性子小角散乱
液晶構造	光学顕微鏡，円偏光二色性 (CD)，旋光分散 (ORD)，X 線回折
橋かけ構造	膨潤挙動・力学的性質などの利用
表面・界面構造	電子顕微鏡，電子分光法，中性子反射率
ブレンド構造	X 線散乱，中性子散乱，光散乱，電子顕微鏡，位相差顕微鏡

参考文献

第1章
1) 大津隆行：高分子合成化学，化学同人，1979．
2) 伊勢典夫，今西幸男，川端季雄，砂本順三，東村敏延，山川裕巳，山本雅英：新高分子化学序説，化学同人，1995．
3) 高分子学会編：高分子化学の基礎（第2版），東京化学同人，1994．
4) 鶴田禎二，川上雄資：高分子設計，日刊工業新聞社，1992．
5) 伊藤浩一，上田 充，佐藤寿弥，白井汪芳：高分子化学（合成），宣教社，1998．
6) 遠藤 剛，三田文雄：高分子合成化学，化学同人，2001．
7) 井上祥平：高分子合成化学，裳華房，1996．

第2章
1) 岡村誠三，中島章夫，小野木重治，河合弘迪，西島安則，東村敏延，伊勢典夫：高分子化学序説（第2版），化学同人，1981．
2) 伊勢典夫，今西幸男，川端季雄，砂本順三，東村敏延，山川裕巳，山本雅英：新高分子化学序説，化学同人，1995．
3) 中浜精一，野瀬卓平，秋山三郎，讃井浩平，辻田義治，土井正男，堀江一之：エッセンシャル高分子化学，講談社サイエンティフィク，1988．
4) 川口正美：高分子の界面・コロイド科学，コロナ社，1999．
5) 松下裕秀：高分子化学Ⅱ 物性，丸善，1996．
完全弾性体や粘性流体の力学に関する詳細は，変形体の力学や流体力学に関する書物をお読み頂きたい．
6) 中川鶴太郎：岩波科学の本13 流れる固体，岩波書店，1975．この本にはさまざまな物質のレオロジー的挙動が美しい写真とともに解説されている．
7) 斉藤信彦：物理学選書，高分子物理学（改訂版），裳華房，1978．
8) Ferry, J. D.：Viscoelastic Properties of Polymers, 3rd ed., John Wiley & Sons, Inc., 1980. 高分子系の重要な実験データはほとんどこの本に網羅されているといってよい．また，実験装置の構成やデータの解析方法についても詳細に記述されている．
9) 中村邦男，鴇田昌之：日本バイオレオロジー学会誌，**2**, 116-126, 1988．

第3章

1) 伊勢典夫，今西幸男，川端季雄，砂本順三，東村敏延，山川裕巳，山本雅英：新高分子化学序説，化学同人，1995．
2) 高分子学会編：高強度・高弾性率繊維，共立出版，1988．
3) 高分子学会編：液晶ポリマー，共立出版，1988．
4) 高分子学会編：ポリマーアロイ，共立出版，1988．
5) 高分子学会編：炭素繊維と複合材料，共立出版，1988．
6) Brandrup, J., et al. : Polymer Handbook 4th ed., John Wiley & Sons, Inc., 1999.
7) 高分子学会編：新高分子実験学 8 高分子の物性（1）熱的・力学的性質，1997．
8) Van Vlack, Lawrence H. : Elements of Materials Science and Engineering 6th ed., Addison-Wesley Publishing Company, 1989.

第4章

1) Reiser, A. : Photoreactive Polymers—The Science and Technology of Resists —, John Wiley & Sons, Inc., 1989.
2) 山岡亜夫，森田 浩著，高分子学会編：感光性樹脂―高分子新素材 One Point 8―，共立出版，1991．
3) 高分子学会編：光機能材料―高分子機能材料シリーズ―，共立出版，1991．
4) Charlesby, A. : *Proc. Roy. Soc.*, **A-222**, 542, 1954.
5) 山岡亜夫監修：半導体集積回路用レジスト材料ハンドブック，リアライズ，1996．
6) Boots, H. M. J. : Integration of Fundamental Polymer Science and Technology (Eds. by L. A. Kleinties and P. J. Lemstra), Chap. 3, Applied Science, 1985.
7) Molaire, M. F. : *J. Polym. Sci.*, Chem. Ed., **20**, 847-861, 1982.
8) Processes in Photoreactive Polymers (Eds. by V. V. Krongauz and A. D. Trifunac), Chap. 1, Chap. 2 and Chap. 3, Chapman & Hall, 1995.
9) Chemistry & Technology of UV & EB Formulation for Coatings, Inks & Paints (Ed. by G. Bradley), Vol. III, J. V. Crivello and K. Dietliker, Photoinitiators for Free Radical Cationic & Anionic Photopolymerisation, 2nd ed., John Wiley & Sons, Inc., 1998.
10) 谷口彬雄他，有機エレクトロニクス材料研究会編：イメージング用有機材料，ぶんしん出版，1997．
11) 池田章彦，水野晶好：初歩から学ぶ感光性樹脂―K Books Series 171―，工業調査会，2002．
12) 赤松 清監修：感光性樹脂が身近になる本，シーエムシー出版，2002．
13) 吉村 進著，高分子学会編：導電性ポリマー―高分子新素材 One Point 5―，共

立出版, 1991.
14) Callister, W. D. Jr. : Materials Science and Engineering An Introduction, John Wiley & Sons, Inc., 1994.

第5章

1) Lanza, R. P., *et al.* eds. : Principles of Tissue Engineering 2nd ed., Academic Press, 2000.
2) 中林宣男，石原一彦，岩﨑泰彦著，日本エム・イー学会編：バイオマテリアル，コロナ社，1999.
3) Okano, T., ed. : Biorelated Polymers and Gels, Academic Press, 1998.
4) 佐藤温重，石川達也，桜井靖久，中村晃忠編：バイオマテリアルと生体—副作用と安全性，中山書店，1998.
5) Ratner, B. D., *et al.* : Biomaterials Science, An Introduction to Materials in Medicine, Academic Press, 1996.
6) 日本医療器材協会：やさしいプラスチック製医療器材，三光出版社，1994.
7) 砂本順三，森 文男著，高分子学会編：高分子医薬，共立出版，1990.
8) 筏 義人：医用高分子材料，共立出版，1989.
9) 片岡一則他：生体適合性ポリマー，共立出版，1988.
10) 今西幸男：医用高分子材料，共立出版，1986.
11) 鶴田禎二，桜井靖久編：バイオマテリアルサイエンス第1集・第2集，南江堂，1982.

第6章

1) 山本良一編著：エコマテリアルのすべて，日本実業出版社，1994.
2) 未踏科学技術協会エコマテリアル研究会監修，長井 寿編著：高分子材料のリサイクル，化学工業日報社，1996.
3) 未踏科学技術協会エコマテリアル研究会ワークショップ資料
4) プラスチック処理促進協会：プラスチック製品の生産・廃棄・再資源化処理処分の状況，1997.
5) 未踏科学技術協会エコマテリアル研究会監修：エコマテリアル学，日科技連出版社，2002.

付録

1) 高分子学会編：入門高分子特性解析—分子・材料のキャラクタリゼーション—，共立出版，1984.
2) 高分子学会編：新高分子実験学1 高分子実験の基礎—分子特性解析—，共立出

版,1995.
3) 中浜精一,野瀬卓平,秋山三郎,讃井浩平,辻田義治,土井正男,堀江一之:エッセンシャル高分子化学,講談社サイエンティフィク,1988.
4) 川口正美:高分子の界面・コロイド科学,コロナ社,1999.
5) 松下裕秀:高分子化学II 物性,丸善,1996.

索引

欧文

ArFRP　60
Biomer®　113
BP　78
CFRP　60
Charlesby のゲル化理論　66
Cossee のモデル　13
CTX　78
DDS　122
Diels-Alder 反応　26
ECM　117
EPR 効果　127
EUV リソグラフィー　98
EVA　110
FRP　60
GFRP　60
GOD　123
g-線　94
ITO ガラス　106
i-線　94
KrF エキシマレーザ　96, 98
LCA　149
Mark-Houwink-Sakurada の式　152
MK　78
MPC　116
n 型半導体　104
PEG　127, 128
PET　142
PHEMA　115
pH 応答型 DDS　124
PIPAAm　120
PMEA　116
PSt-PHEMA-PSt ブロックコポリマー　115
PVA　123
p 型半導体　104
Q, e 論　8
RDF　147
Squeezing 効果　126
THF　24
Ziegler-Natta 触媒　13
Zimm プロット　151
z 平均分子量　28

ア 行

アクリレートモノマー　73
アゾ化合物　3
アゾビスイソブチロニトリル　3
アタクチック　31
アドリアマイシン　128
アニオン重合　11
アミノ酸　133
アミロース　134
アミロペクチン　134
アラミド　56
アラミド繊維補強プラスチック　60
アルブミン　115

イソタクチック　31, 32
1 s 軌道　99
医用材料　138
医療器具　110
医療用具　108
インスリン　117

ウロキナーゼ　115

液状感光性樹脂　74
液晶ポリマー　57
液体的粘弾性モデル　42

エチレン-酢酸ビニル共重合体　110
エーテルスルホン　23
エポキシド　23
エレクトロルミネッセンス材料　106
エンジニアリングプラスチック　48

応力緩和　42
オキセタン　24
親ジエン　26
折りたたみ鎖結晶　35, 54
温度に応答するシステム　125

カ 行

開環重合　2, 23
開始剤効率　5
開始反応　3
界面重合　20
化学構造　29
化学増幅型レジスト　70, 96
化学物質応答型 DDS　123
核磁気共鳴分光法　155
過酸化物　3
過酸化ベンゾイル　3
カチオン塩　10
カチオン重合　9
ε-カプロラクタム　24
ガラス繊維補強プラスチック　60
ガラス転移温度　54
ガラス転移点　82
カルボアニオン　11
カルボカチオン　10
環境材料　129
環境負荷　129

換算分子量　155
環状エーテル　23
環状高分子　33
含水率　123
完全弾性体　39
感度曲線　87
γ-グロブリン　115
ガンマ値　87
緩和時間　43
緩和弾性率　43

機械的耐久性　112
幾何学的構造　29
キチン　136
キトサン　136
偽内膜形成材料　114
機能性　109
求核アシル置換重合　21
求核付加　11
求核付加-脱離機構　22
球晶　37
求電子付加　9
共重合　7
共重合組成式　7
共重合体　30
　——の組成　7
共重合反応性　8
共培養システム　119
共役型のモノマー　9
均一系触媒　14

グリコシド結合　134
グルコース　132
グルコースオキシダーゼ　123
グルタミン酸　133
2-クロロチオキサントン　78

けい皮酸エステル　89
血液浄化療法　111
血液透析　111
結晶化度　35
結晶形態　35
血小板の活性化　115
血栓形成　112
血栓形成抑制型材料　115
血栓溶解型材料　115
ケブラー　57

ケミカルリサイクル　139,142
ゲル浸透クロマトグラフィー　153
ゲル分率　67
ゲル紡糸法　56

抗凝固剤　112
抗血栓性　112
抗血栓性材料　114
交互共重合体　8,30
交互侵入網目ゲル　126
交差成長　7
光酸発生剤　70
校正曲線　155
剛性率　40
高分子医薬　128
高分子製剤・ドラッグデリバリーシステム　108
高分子のコンフォメーション　52
高分子の光架橋　63
高分子ミセル　127,128
固形感光性樹脂　74
固相重合　20
固体の粘弾性モデル　45
コラーゲン　117

サ　行

再結合　4
再結合停止　6
再生医療　128
再生ペレット　141
最大応力　51
細胞外マトリックス　117
サック型　112
サーマルリサイクル　139,146
酸塩化物法　21
酸化還元膜　123
三次元網目構造　63
三重項-三重項エネルギー移動　88
三重項-三重項エネルギー移動型　65
酸無水物法　21
残留歪み　45

ジアリールヨードニウム塩　84
ジエン　26
時空間的制御　122
自己消火性　60
自己成長　7
自己防衛反応　109
シシカバブ結晶　37
持続発展可能　129
実用弾性率　40
ジフェニルヨードニウム・SbF_6　70
脂肪族ポリエステル　138
p-ジメチルアミノ安息香酸エチルエステル（EDAB）　78
四面体中間体　16,21
重合速度　5
自由体積率　81,82,83
重付加　2,25
重量平均分子量　28
縮合　15
縮合重合　1,15
循環型社会　129,149
触媒　137,143
徐放性製剤　122
徐放性の制御　122
人工化学合成ポリマー　130
人工肝臓　118
人工心臓　112
人工腎臓　111
人工膵臓　117
人工臓器　108,111
人工皮膚　117
シンジオタクチック　31,32
浸透圧縮率　151
浸透圧法　150

水素結合　54,127
水添法　143
水透過性　111
数平均重合度　6
数平均分子量　28
スキン層　125
ステップタブレット法　87
ストレプトキナーゼ　115
スーパーエンプラ　48
ずり粘性率　41

索　引

生体高分子材料　108
生体適合　108
生体適合性　109
成長反応　4
成長反応速度定数　5
成長ラジカル　5
静的粘弾性　41
生分解性ポリマー　129
生命医工学　108
セグメント化ポリウレタンウレア　113
接触熱分解　143
セルロース　132,134
セルロース膜　111
繊維型複合材料　60
線状高分子　33

増感　88
相互高分子網目　62
相対感度　86
相対感度値　87
相分離　61
組織工学　119
ソフトセグメント　113
損失弾性率　47

タ　行

ダイアド　31
ダイアフラム型　112
代謝　121
体積弾性率　40
体積粘性率　41
体内動態　127
耐熱性　54
タクチシチー　31
ターゲティング　122
多孔性マトリックス　119
ダッシュポット　42
多分散高分子　29
単一重合体　30
単純熱分解　143
弾性限界　39
弾性余効　39,47
弾性率　39,51
炭素繊維補強プラスチック　60
単独重合体　6

単分散　29
単量体　1

遅延弾性　46
逐次重合　15
中空糸　111
超微細光加工　93
超臨界水　148
直列モデル　42
貯蔵弾性率　47

使い捨て　110

停止反応　4
停止反応速度　5
停止反応速度定数　5
定常状態　4
ディスポーザブル　110
テトラヒドロフラン　24
電子移動　12,90
電子供与性　104
電子受容性　104
天然ポリマー　130
デンプン　134

動的粘弾性　47
頭-頭結合　30
頭-尾結合　30
動力学的鎖長　5
特性解析　150
ドーパント　104
ドラッグデリバリーシステム　122
トリアド　32

ナ　行

内皮細胞　114
ナイロン　1,2
ナイロン6　24,34,50,143
ナイロン66　34,50
o-ナフトキノンジアジド-5-スルホン酸エステル　68

$2s$軌道　99
二重結合　25
ニュートン流体　40

尿素樹脂　26
二量化反応　89

熱硬化性樹脂　26
熱分解型開始剤　3
粘性　40
粘性率　41
粘弾性　41
粘度平均分子量　152
粘度法　152

伸び切り鎖結晶　37,53
伸び粘性率　41
ノボラック樹脂　68
ノボラックの生成機構　27

ハ　行

配位アニオン重合　13
バイオコンポジット　62
バイオマテリアル　108
π電子密度　11
ハイドロゲル　134
廃プラスチック　139
ハイブリッド型人工臓器　117
発泡スチロール　147
ハードセグメント　113
パルス型放出　126
反応度　17
汎用エンジニアリングプラスチック　49

光架橋　64
　——の分解　64
光カチオン重合　83
光起電力　104
光散乱法　151
光重合　64
光重合開始剤　77
光導電性高分子　102
光分解　64
光モディフィケーション　64
光ラジカル重合　72
光リソグラフィー技術　119
非共役型のモノマー　9
ビスフェノールA　50
微生物産生ポリマー　130

索引

ヒドロキシアルカン酸　131
ビニルモノマー　1, 73
標的指向性　127

フィラー　59
フェニルボロン酸　123
フェノール樹脂　2, 26
フォークトモデル　45
付加重合　1
付加縮合　2, 26
付加反応　2
不均一触媒　14
不均化　4
不均化停止　6
複素環ポリマー　100
房状ミセル構造　53
フックの法則　39
物質特性　150
$tert$-ブトキシカルボニル基　70
不溶化　63
プレポリマー　26
ブレンステッド酸　84
ブロック共重合体　30
プロトン酸　10
分解性合成高分子　119
分子占有体積　82
分子特性　150
分子量と反応度　17
分子量の調整　17
分子量分散　67
分子量分布　18, 29, 153

並列モデル　45
ヘテロサイクリックモノマー　73
ヘテロタクチック　32
ヘパリン　112
ペプチド結合　133
ベルヌーイ統計　32
変性ポリフェニレンオキシド　49
ベンゾフェノン　78

ポアソン比　40
ポアソン分布　67
芳香族求核置換重合　22

芳香族求電子置換重合　22
芳香族ポリアミド　56
芳香族ポリエステル　57
補体の活性化　111
ポリアスパラギン酸　128
ポリアセタール　146
ポリアセチレン　100
ポリアニリン　100
ポリアミド　34, 49
ポリアリレート　57
ポリ（N-イソプロピルアクリルアミド）　120
ポリ（N-イソプロピルアクリルアミド）ゲル　125
ポリイミド　22, 58
ポリウレタン　2
ポリウレタン樹脂　138
ポリエステル　1, 130, 136
ポリエチレン　34, 55
ポリエチレングリコール　128
ポリエチレンテレフタレート　2, 142
ポリエーテルケトン　22
ポリ塩化ビニル　146
ポリオキシメチレン　49
ポリカプロラクトン　136
ポリカーボネート　49
ポリグリコール酸　138
ポリチオフェン　100
ポリ乳酸　138
ポリ（乳酸-ε-カプロラクトン）　119
ポリ（乳酸-グリコール酸）　119
ポリ尿素　25
ポリ（2-ヒドロキシエチルメタクリレート）　115
ポリ（p-ヒドロキシスチレン）　70, 96
ポリビニルアルコール　123
ポリフタロシアニン　100
ポリブチレンテレフタレート　49
ポリ（p-ホルミルオキシスチレン）　68
ポリマーアロイ　51, 60
ポリメチルメタクリレート

145
ポリ（2-メトキシエチルアクリレート）　116

マ 行

マックスウエルモデル　42
マテリアルリサイクル　139, 141
魔法の弾丸　127
マルチブロック共重合体　113

ミクロ相分離　61
ミクロドメイン構造　115
ミサイルドラッグ　127
水の構造　116
ミヘラーズケトン　78

メソダイアド　31
2-メタクリロイルオキシエチルホスホリルコリン　116
メタロセン触媒　14
メチルアルミノキサン　14
滅菌　110
メラミン樹脂　26
免疫隔離　118

モノマー　1
　——の共重合性　7
　——の連鎖長　77
モノマー反応性比　7
モノリシック型　122

ヤ 行

薬物送達システム　122
薬物放出のOn-Off制御　123
ヤング率　40

融解のエンタルピー　54
融解のエントロピー　54
有機半導体　102
有機無機ハイブリッド材料　62
有効濃度範囲　121

溶液重合　20
容器包装リサイクル法　142

溶質透過性　111
溶融重合　18

ラ 行

ラクタム　24
ラクトン　24
ラジカル　3
　——の等反応性　4
ラジカル開始剤　3
ラジカル共重合　6
ラジカル重合　3

ラセモダイアド　31
らせん構造　52
ラダー構造　55
ラダーポリマー　55
ラメラ晶　36
ランダム共重合体　30

リザーバ型　122
理想共重合　8
立体規則性　13, 31
リポソーム　127
リモネン　148

リユース　147

ルイス酸　84
累積二重結合　25

レイリー比　151
レオロジー　41
レゾールの生成機構　26
連鎖移動反応　6
連鎖移動反応速度定数　6
連鎖重合　15
連鎖反応機構　3

編著者略歴

山岡 亜夫(やまおか つぐお)
1939年 神奈川県に生まれる
1962年 千葉大学工学部写真印刷工業科卒業
現　在 千葉大学工学部情報画像工学科教授
　　　　理学博士

応用化学シリーズ 3
高分子工業化学

定価はカバーに表示

2003年12月1日　初版第1刷

著　者	山 岡 亜 夫
	上 田 　 充
	安 中 雅 彦
	鴇 田 昌 之
	高 原 　 茂
	岡 野 光 夫
	菊 池 明 彦
	松 方 美 樹
	鈴 木 淳 史
発行者	朝 倉 邦 造
発行所	株式会社 朝 倉 書 店

東京都新宿区新小川町 6-29
郵便番号　162-8707
電　話　03(3260)0141
FAX　03(3260)0180
http://www.asakura.co.jp

〈検印省略〉

© 2003 〈無断複写・転載を禁ず〉

ISBN 4-254-25583-7　C 3358

新日本印刷・渡辺製本

Printed in Japan

応用化学シリーズ　A5判 全8巻

1．無機工業化学
横浜国立大学　太田健一郎・山形大学　仁科辰夫・北海道大学　佐々木健・岡山大学　三宅通博・千葉大学　佐々木義典

224頁　定価3675円

酸アルカリ製造化学/電気化学とその工業/金属工業化学/無機合成/窯業とセラミックス

2．有機資源化学
山形大学　多賀谷英幸・秋田大学　進藤隆世志・東北大学　大塚康夫・日本大学　玉井康文・山形大学　門川淳一

164頁　定価2940円

有機化学工業/石油資源化学/石炭資源化学/天然ガス資源化学/バイオマス資源化学/廃炭素資源化学/資源とエネルギー

3．高分子工業化学
千葉大学　山岡亜夫・千葉大学　高原茂・九州大学　安中雅彦・九州大学　鴨田昌之・東京工業大学　上田充・東京女子医科大学　岡野光夫・東京女子医科大学　菊池明彦・前東京女子医科大学　松方美樹・横浜国立大学　鈴木淳史

176頁　既　刊

合成反応プロセス/高分子の性質/高性能高分子材料/光と高分子/生命医療材料/環境材料/高分子の特性解析

4．化学工学の基礎
慶應義塾大学　柘植秀樹・横浜国立大学　上ノ山周・群馬大学　佐藤正之・東京農工大学　国眼孝雄・千葉大学　佐藤智司

216頁　定価3360円

化学工学の基礎/流体と流動/熱移動/物質分離/反応工学

5．機能性セラミック化学と応用
千葉大学　掛川一幸・神奈川大学　山村博・法政大学　守吉祐介・工学院大学　門間英毅・岡山大学　松田元秀・長岡技術科学大学　植松敬三

近　刊

セラミックス概要/セラミックスの構造/セラミックスの合成プロセス技術/セラミックスにおけるプロセスの理論/セラミックスの理論と応用

6．触媒化学
千葉大学　上松敬禧・筑波大学　中村潤児・神奈川大学　内藤周弌・埼玉大学　三浦弘・東京理科大学　工藤昭彦

近　刊

触媒とはなにか/触媒の歴史と役割/固体触媒の表面/固体触媒反応の素過程/触媒反応機構/触媒の反応場とその構造解析/触媒の調整と機能評価/環境・エネルギー触媒

7．電気化学の基礎と応用
慶應義塾大学　美浦隆・神奈川大学　佐藤祐一・横浜国立大学　神谷信行・小山工業高等専門学校　奥山優・甲南大学　縄舟秀美・東京理科大学　湯浅真

続　刊

電気化学の基礎/電池/電解/腐食・湿式冶金/電析・表面処理/生物電気化学・センサ

8．化学熱力学
千葉大学　島津省吾・東北大学　阿尻雅文・山形大学　仁科辰夫・富山大学　阿部孝之・東京工業大学　篠崎和夫

近　刊

化学熱力学の基礎/超臨界系の熱力学/電気化学反応の熱力学/触媒系の表面化学/固相反応の熱力学

上記価格（税別）は2003年11月現在